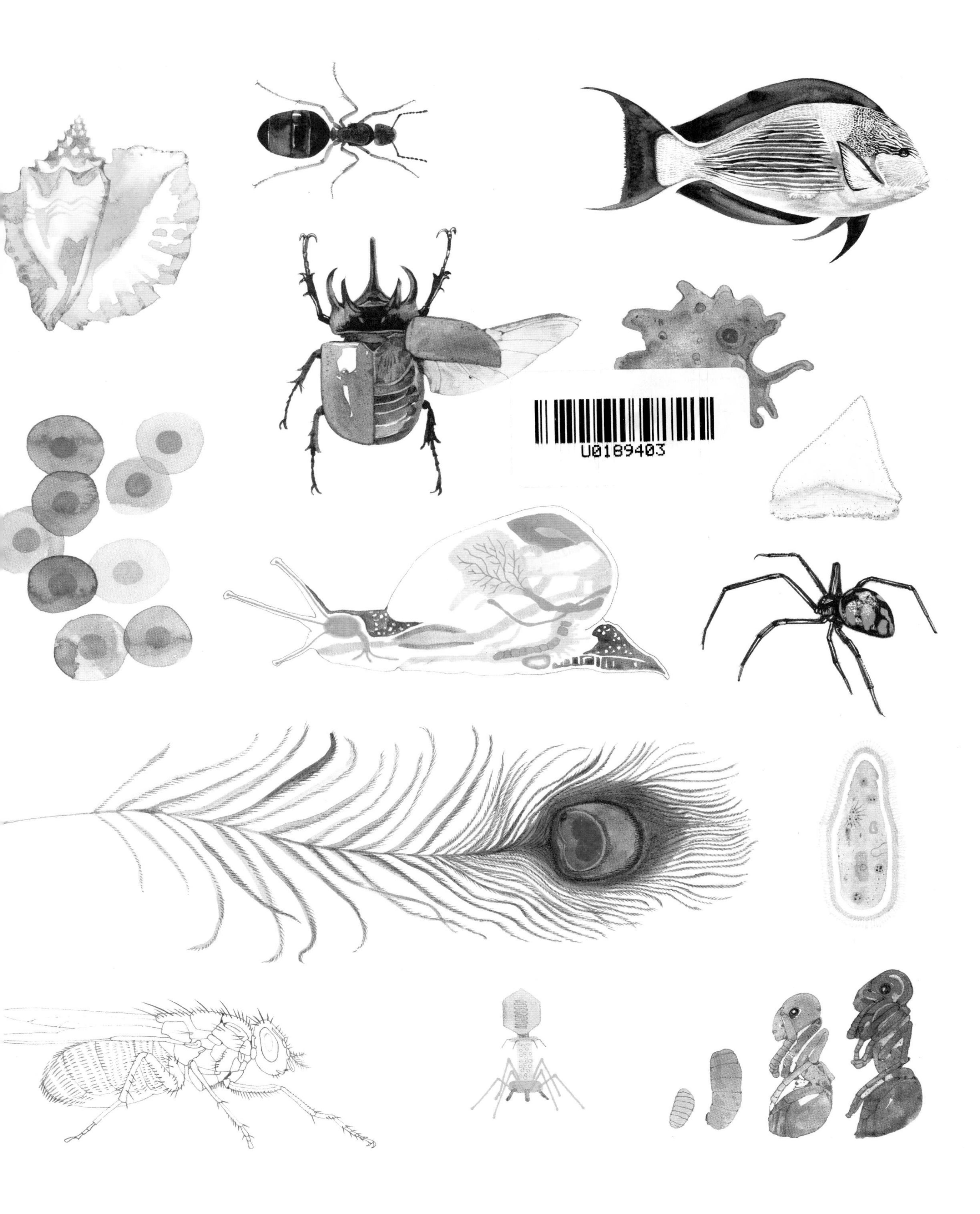

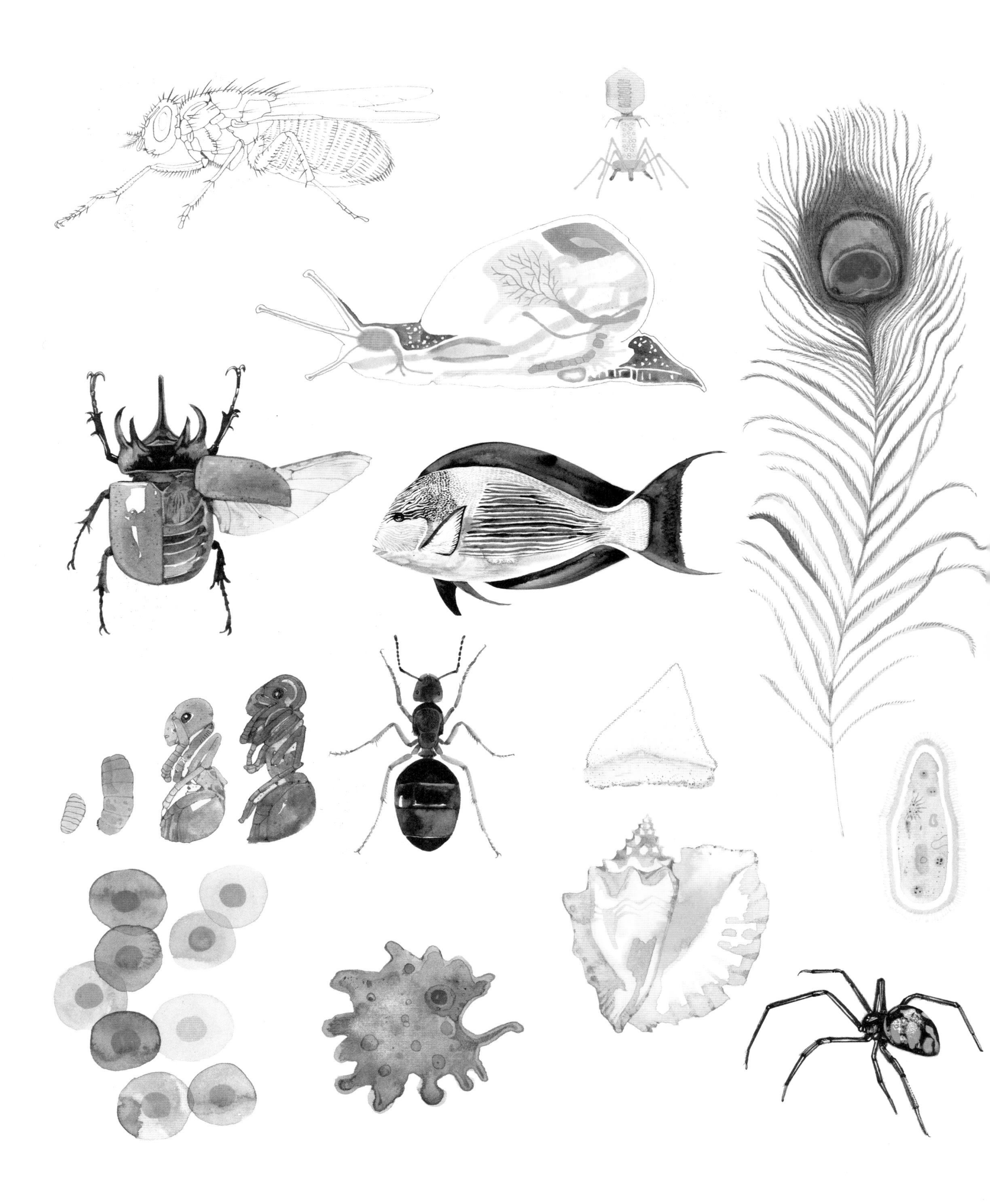

致 Folco 和他将亲眼看到的自然奇观

图书在版编目（CIP）数据

进化 /（意）弗朗西斯科 · 托马西内利著 ;（意）欧阳霄译. -- 北京 : 科学普及出版社，2024. 9. -- ISBN 978-7-110-10781-2

Ⅰ. Q11

中国国家版本馆 CIP 数据核字第 2024HH1658 号

Original Title: Evolution——the animals struggle for survival
Text: Francesco Tomasinelli
Illustrator: Margherita Borin

著作权合同登记号：01-2023-3993

策划编辑　单　亭　许　慧
责任编辑　向仁军
封面设计　麦莫瑞
正文设计　中文天地
责任校对　张晓莉
责任印制　李晓霖

出　　版　科学普及出版社
发　　行　中国科学技术出版社有限公司
地　　址　北京市海淀区中关村南大街 16 号
邮　　编　100081
发行电话　010-62173865
传　　真　010-62173081
网　　址　http://www.cspbooks.com.cn

开　　本　889mm × 1194mm　1/16
字　　数　280 千字
印　　张　10
版　　次　2024 年 9 月第 1 版
印　　次　2024 年 9 月第 1 次印刷
印　　刷　北京瑞禾彩色印刷有限公司
书　　号　ISBN 978-7-110-10781-2 / Q · 310
定　　价　128.00 元

（凡购买本社图书，如有缺页、倒页、脱页者，本社销售中心负责调换）

追随达尔文与科学的脚步
见证生存的竞争

[意] 弗朗西斯科 · 托马西内利　著
[意] 玛格丽塔 · 博因　绘
[意] 欧阳霄　译

科学普及出版社
· 北　京 ·

目 录

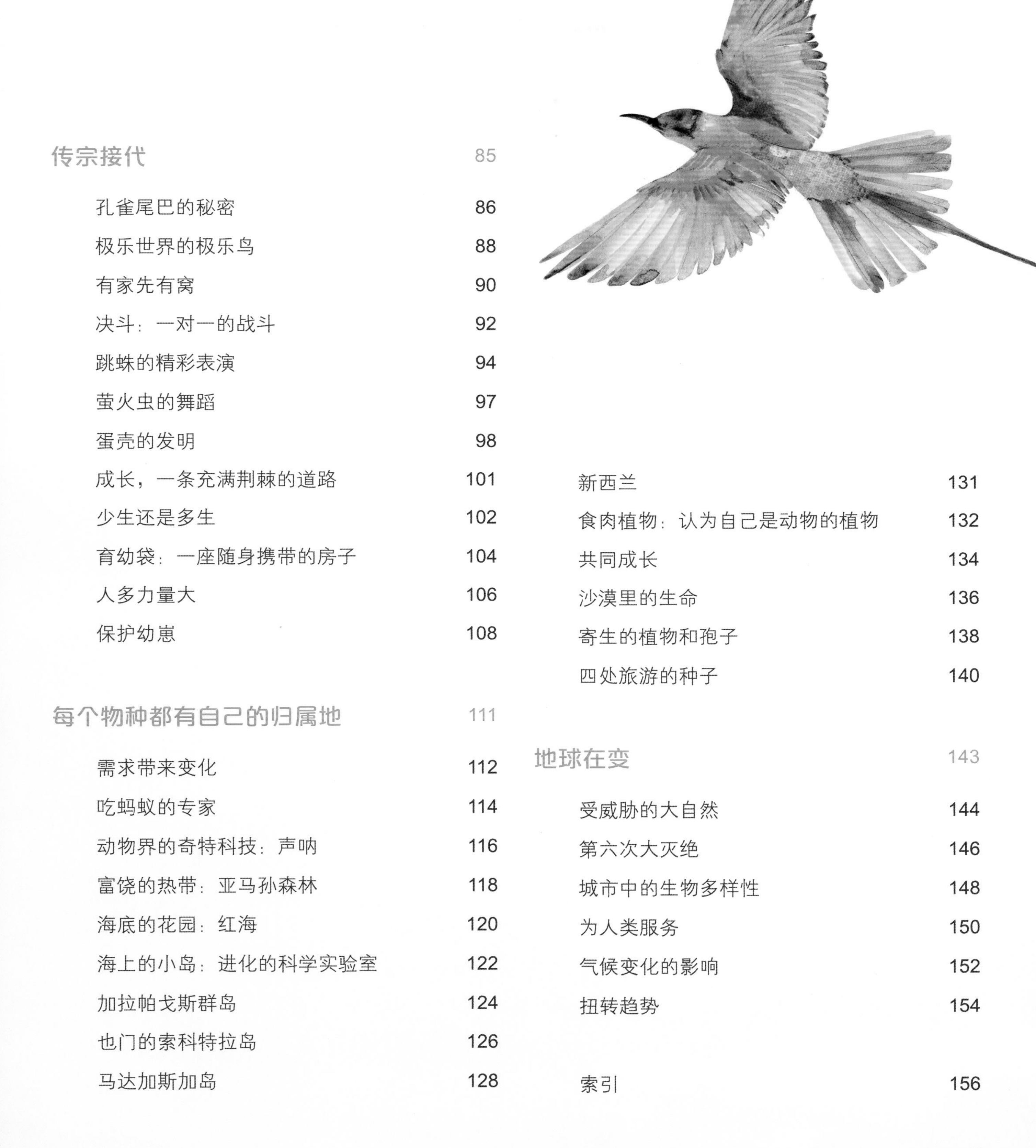

给生物分类

大自然是世上最复杂的领域之一。我们想要探索这个世界，就需要靠一种分类系统为我们导航。这个系统将每个植物、动物甚至蘑菇都分门别类，把有着相似特征的生物都分层归类到一起。这个分类系统的每一层别都有自己的名称，从上到下看下来，它们就是：界、门、纲、目、科、属、种。

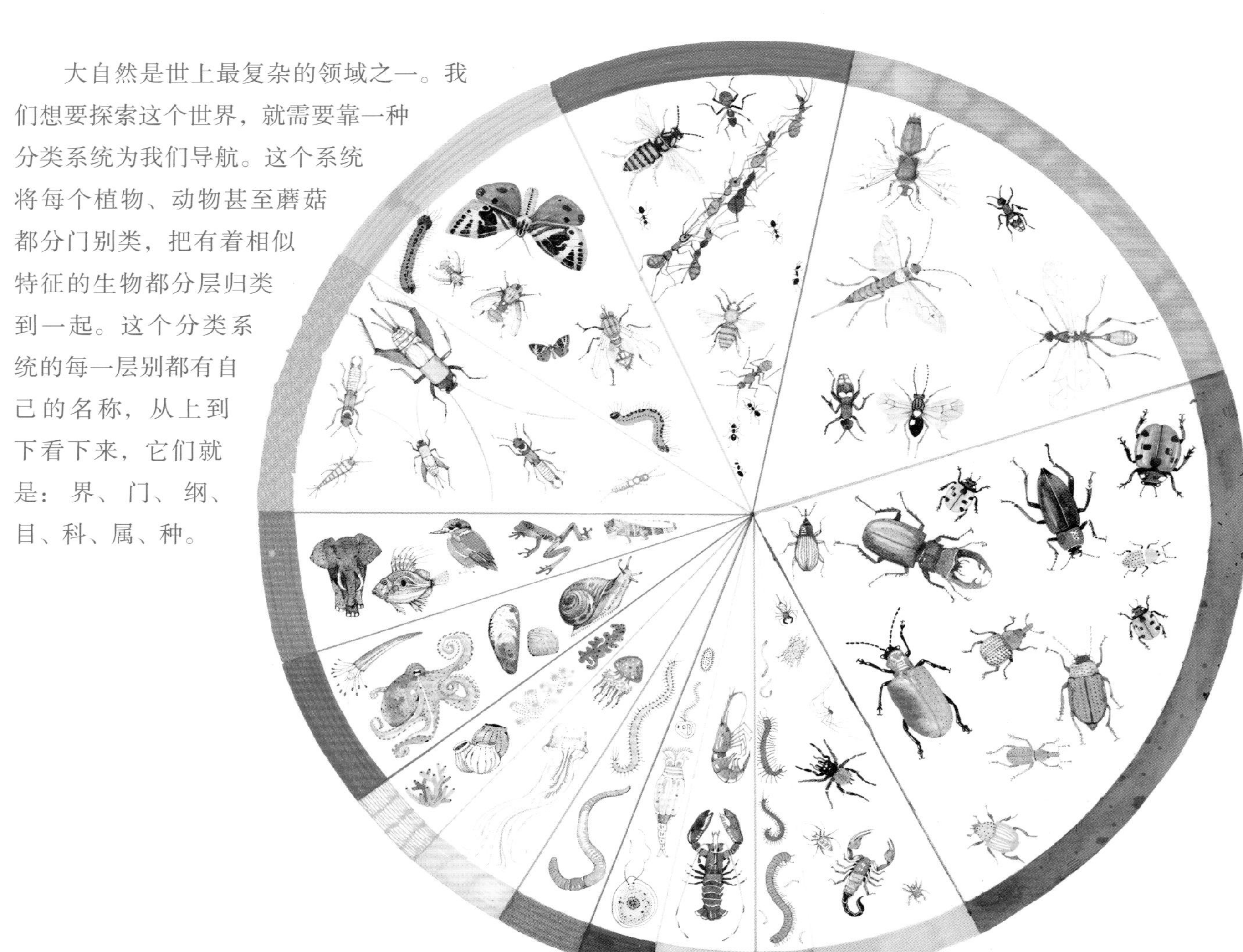

世界上有多少种动物

世界上有超过200万种动物已经分类，但是有可能仍有数百万种动物还没被发现，它们藏在密林里，躲在土地下，或潜在深海中。令人意想不到的是，具有骨骼的动物，也就是我们最熟悉的脊椎动物，仅占动物总量的5%。无脊椎动物，尤其是昆虫，构成了生物界的主要部分。

5%　脊椎动物

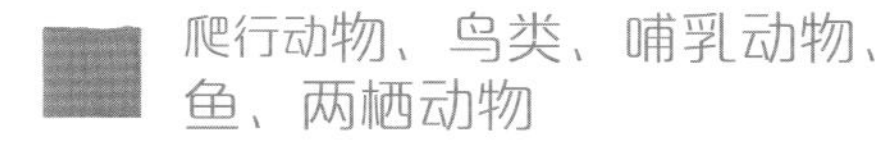

爬行动物、鸟类、哺乳动物、鱼、两栖动物

95%　无脊椎动物

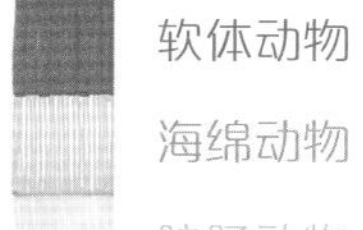

软体动物

海绵动物

腔肠动物

环节动物

其他无脊椎动物

甲壳类动物

多足动物

蛛形纲动物

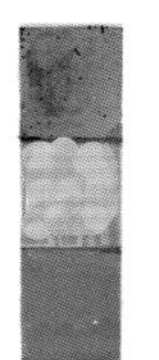

甲虫

膜翅目

蜜蜂、黄蜂和蚂蚁

苍蝇、蝴蝶

其他昆虫

生物分类的范例：老虎

我们从顶端开始，老虎的种——虎（*Panthera tigris*）。这个由两个拉丁语名所组成的名字被称为“学名”，是专门用来辨识老虎的唯一名称。

老虎是一种大型的猫科动物，体形比一个成年人要大上许多。它属于豹属“*Panthera*”，在这个属中的只有狮、虎、美洲豹和豹。

老虎是矫健的猎手，有着可以收缩的利爪。它属于猫科“Felidae”，和狮子、豹子和家猫在一起。

老虎以肉为食，它有着专门用来吃肉的粗壮犬齿：它属于食肉目“Carnivora”（不是所有吃肉的动物都属于食肉目，这里只包含了吃肉的哺乳动物）。食肉目也包含了像熊、狗这样的大型捕食动物。

老虎身上遍布绒毛，有着较高的体温，并且会给自己的幼崽哺乳：它属于哺乳纲“Mammalia”，也就是哺乳动物。这是科学家研究得最多的一纲，在这里我们不但能找到各种大型的食草动物，比如大象、羚羊、马和牛，还能找到鲸鱼和猴子。

老虎具有脊椎骨，也具有骨架，所以它属于脊索动物门“Chordata”。属于这个门的动物一般具有一根脊椎骨（但是实际情况没有那么简单）。同属于脊索动物门的有鱼类、爬行类、哺乳动物等我们可以轻松地识别的动物。

老虎是一种动物，属于动物界“Animalia”——所有可以自由运动，不能进行光合作用并且呼吸氧气的生物都属于动物界。

说到老虎，大家马上就能明白我们在谈论什么动物，所以可能会觉得学名是多余的。但是一旦提到一些鲜为人知的动物，例如昆虫，学名就会变得非常重要。

只是用“红甲虫”这样的名字去描述昆虫的话对我们的帮助不大，因为有很多昆虫都有着相似的特征。

因此专家和学者才会用学名来区分生物。这是一种全世界通用、统一的语言，可以用来精确地区分每一种生物。

什么是物种

从定义上来说，每一个物种都有一系列可以识别的共同特征。但是我们怎么样划清不同物种之间的“界限”呢？一般来说，如果两个动物之间的后代是具有繁殖力的，也就是说后代也有产下自己后代的能力的，那它们就属于同一物种。

近距离观察一只老虎

世界上存在着不同品种的老虎，每个品种都适应不同的生活环境，我们称每个不同的品种为“亚种”。但是不同的亚种之间是相容的，也就是说是可以产下有繁殖力的后代的。如果我们近距离观察两只成年老虎，我们会发现它们彼此之间存在许多差异。这些差异都很小：每只老虎身上的条纹形状都是独一无二的，就像人类的指纹一样。研究人员会使用这些差异来区分不同的老虎个体。

惊人的杂交物种

老虎和狮子是“近亲”，它们同样被分到“豹属”（*Panthera*）下。如果一只公老虎和一只母狮子交配就会产下一只虎狮兽，而一只母老虎和一只公狮子则能产下一只狮虎兽。这些后代可以正常生存，但是它们的雄性是没有再繁殖的能力的。这也是为什么老虎和狮子被分为不同的物种。虽然这两个物种之间存在杂交的情况，但它们只是在动物园圈养的结果。

有一只名叫大力神（Hercules）的狮虎，生活在美国的一家动物园里，重约 420 千克，比一只正常狮子重三分之一，是世界上最大的猫科动物之一。

“给动物命名从来都是一项棘手的工作，于是我在 300 年前发明了至今仍在使用的双名命名法。每个物种的学名都由两个部分构成：属名和种名。我们在这里讨论的老虎就属于‘豹属虎种（*Panthera Tigris*）’。”

——卡尔·林奈（1707—1778），瑞典现代生物分类之父

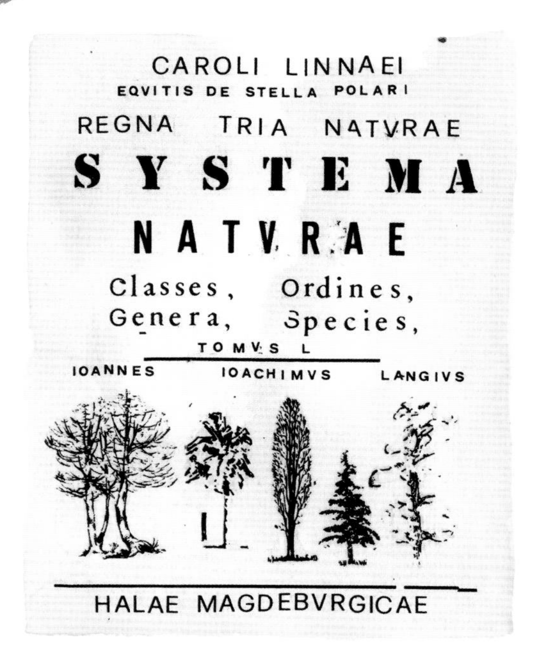

CAROLI LINNAEI
EQVITIS DE STELLA POLARI
REGNA TRIA NATVRAE
SYSTEMA
NATVRAE
Classes, Ordines,
Genera, Species,
TOMVS I.
IOANNES IOACHIMVS LANGIVS
HALAE MAGDEBVRGICAE

生命的说明书

每种生物都有一些独一无二的特征（还记得老虎身上的条纹吗？），这些特征的信息都保存在它们的遗传密码中，并且由一种名为 DNA 的生物大分子保护。DNA 对生命来说是至关重要的，它保存的信息指引着生物体内的每一个细胞的发育，并且会影响到它们外貌和功能上的每一个特征。

DNA 以缠绕的状态存在于一种名为染色体的杆状结构中，并且存在于每一个生物细胞中。如果将它展开仔细检查（它的厚度只有头发的几千分之一），就会发现它的结构形状是一个长长的双螺旋形，而在这个分子中间包含了一系列的蛋白质，它们记录着解读生命的信息。

_science

1953

沃森和克里克

与他们的 DNA 模型

“直到 20 世纪 50 年代，人们还不知道遗传信息是如何存储的。多亏了一系列的化学研究和 X 线衍射分析技术，我们才成功地描述了 DNA 在细胞内的结构。”

——沃森和克里克，1953 年，英国，DNA 的发现者

当两个个体结合时，其后代的基因是由父母的基因重新组合后获得的，这些信息保存在它们的 DNA 中。因此，狼的幼崽虽然与它们的父亲和母亲有很多共同点，但也会展现出一些新的特征，因为孩子永远不会与父母完全相同。这些“修改”后的新特征，有一些可能会带来优点，另一些可能会带来不足，或者也可能是完全中性的。这种可变性是生物可以在一个不断变化并且带来新的挑战的自然环境中适应并且生存的主要原因。

新的物种是怎么诞生的

我们已经知道父母的基因遗传到后代时需要经过一个重组的过程，并且在这个过程中基因会产生新的改变。我们可以想象，不断变化的自然条件（比如有时天气会更热，会更干燥等）有时会对拥有某些特征的后代更有利。那些适应性差的后代无法在严苛的环境中生存下去，而那些可以适应的则会继续生存，并且把自己“有用”的一部分基因传给自己的后代。这就是自然中物竞天择的原理，也就是最适应大自然的个体可以生存（但不一定必须是最强大的个体哦！），并把自己的优良基因传承下去。要注意的是，后代在继承父母基因的时候，并没有直接把这些特征继承下来，而是因为 DNA 里保存的信息，保留了展现出这个特征的可能性。在积累数代的筛选后，就会形成一些与其祖先特征截然不同的新群体：一个全新的物种就这样诞生了，这也是进化过程中的一个必要步骤。

ON

THE ORIGIN OF SPECIES

BY MEANS OF NATURAL SELECTION

OR THE

PRESERVATION OF FAVOURED RACES IN THE STRUGGLE FOR LIFE

Charles Darwin, M.A.,

London:
John Murray
Albemarle Street
1859

"早在 1835 年我访问加拉帕戈斯群岛时，最让我着迷的就是这些鸟。在我对它们以及岛上其他动植物的形态进行观察研究后，我便出版了一本重要的著作——《物种起源》。在这本书中，我第一次阐述了生物如何以及为什么会随时间发生变化，这是世界上第一部与进化相关的作品。我的一位同事阿尔弗雷德·华莱士（Alfred Wallace）比我早得出了同样的结论，但因为我出版的这本书让我比他更为人所知。"

——查尔斯·达尔文，1859 年，进化论之父

在南美洲厄瓜多尔附近的加拉帕戈斯群岛上，有一群特别的小鸟，它们是生物从相同的祖先繁衍出新物种的一个典型例子。我们现在知道，这些地雀属的小鸟虽然如今在喙的形状和饮食习惯上有着很大的区别，但是它们的祖先却都是在很久之前就来到这里的 1~2 种鸟类。加拉帕戈斯群岛上的新环境迫使这些雀类的后代重新发展出形状不同的喙来适应岛上的不同食物种类。

那长颈鹿呢

推动进化的有三大力量，一是生物的遗传变异性（同一物种的所有个体之间都存在着一些差异），二是自然选择（只有最适应环境的个体才能生存），三是特征的遗传性（成功生存的个体会把有利于生存的基因传给它的后代）。后天得来的特征是不会遗传给后代的：一个健美运动员爸爸不一定会有肌肉发达的孩子，因为他的肌肉是通过后天训练锻炼出来的。但是，他的孩子们有可能会更适合从事体育运动，因为他们遗传了有着健壮的体魄的父亲的基因。

因此，长颈鹿的脖子之所以那么长，并不是因为太努力去够高树上的树叶而拉长的。200 年前的科学家让 – 巴蒂斯特 · 德 · 拉马克（Jean–Baptiste de Lamarck）曾是这么认为的，但今天我们知道这个过程是完全不同的：

1. 大草原上的自然选择让脖子更长、可以够到高树上食物的个体更容易生存下来。

2. 脖子不够长的个体生存更加困难，繁衍后代的可能性更低。

3. 在繁衍几代后，脖子更长的个体在自然条件的限制下，成了大多数。

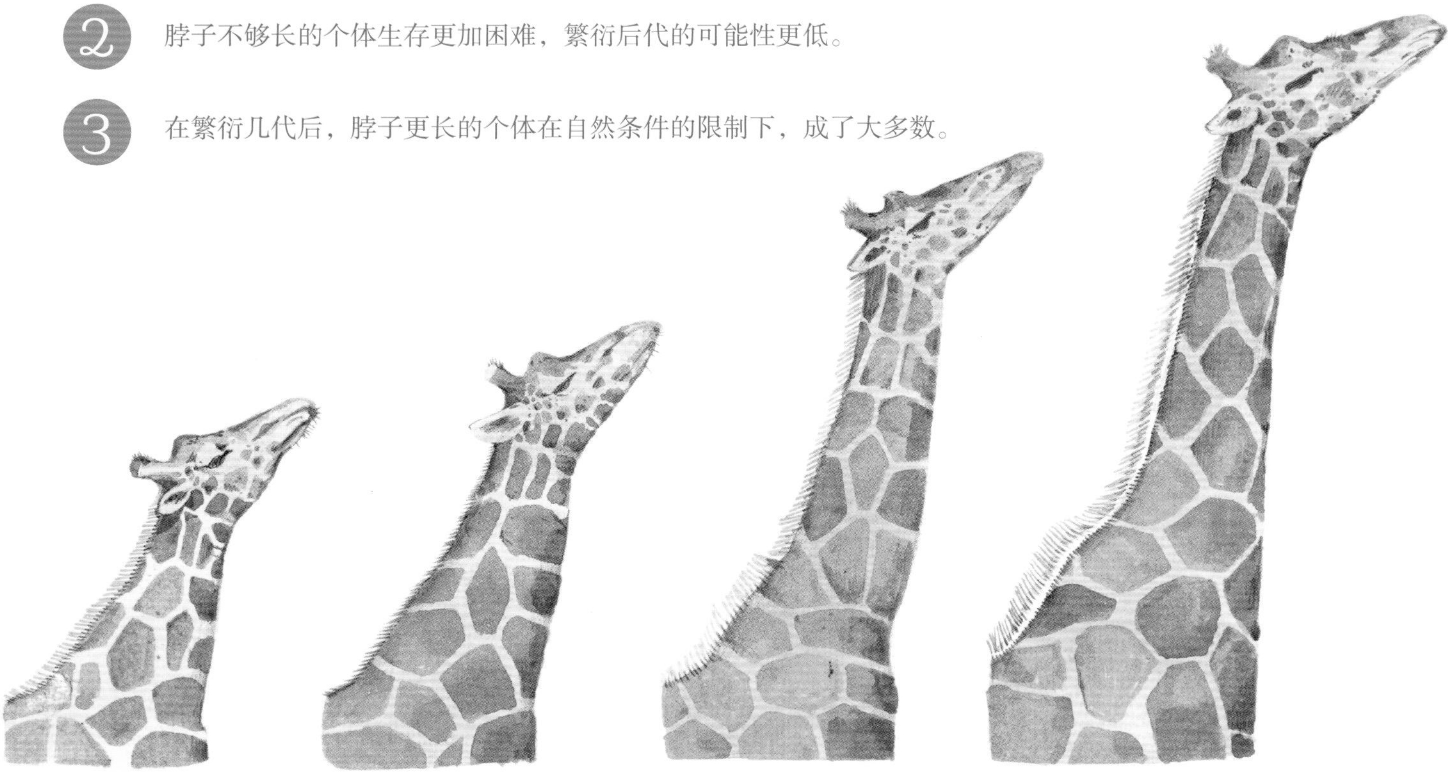

难以置信的多样性：甲虫属的例子

纵观生命在地球上的漫长历史，没有哪一类动物在生存上比甲虫（鞘翅目昆虫的统称）更成功。科学家已经记录了大约 33 万种甲虫种类；与之相比，目前记载的哺乳动物种类只有 4000 种。而世界上大约有 150 多万种动物，相当于每 4 种动物中就有 1 种是甲虫！这些昆虫取得巨大成功的关键似乎在于它们与植物的联系：在它们的进化过程中，它们大部分都学会了在幼虫或成虫阶段充分使用植物的某个部分（例如根、种子、花、叶、茎……），加快它们物种多样性的发展。然而如果你认为甲虫只吃植物的话，你就错了。实际上，它们可以吃各种各样的东西，这进一步增加了甲虫物种的数量。有些甲虫会捕食其他的小动物，例如蚂蚁或小蜥蜴，有的专门吃蜗牛，有的还是“清洁工”，专吃腐肉。有很多甲虫还以粪便为食（也就是大家都认识的“屎壳郎”），也吃各种有机残留物，包括腐烂的木头。简而言之，它们学会了利用每一种可用的资源。仔细观察它们的口器的话，你甚至能更好地了解它们喜欢吃什么。

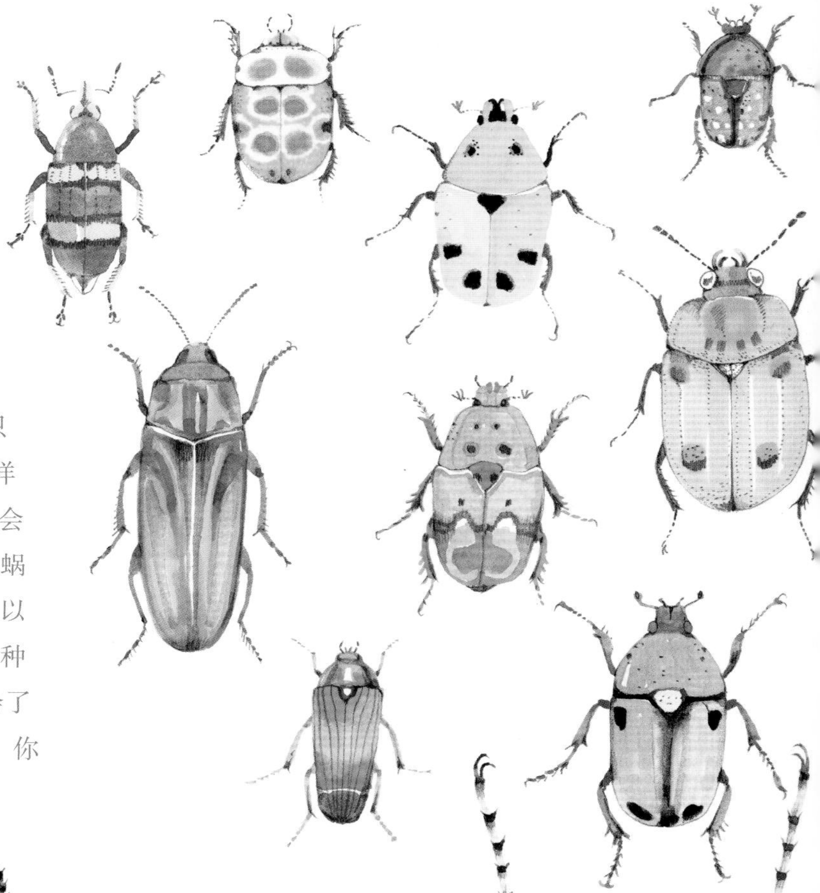

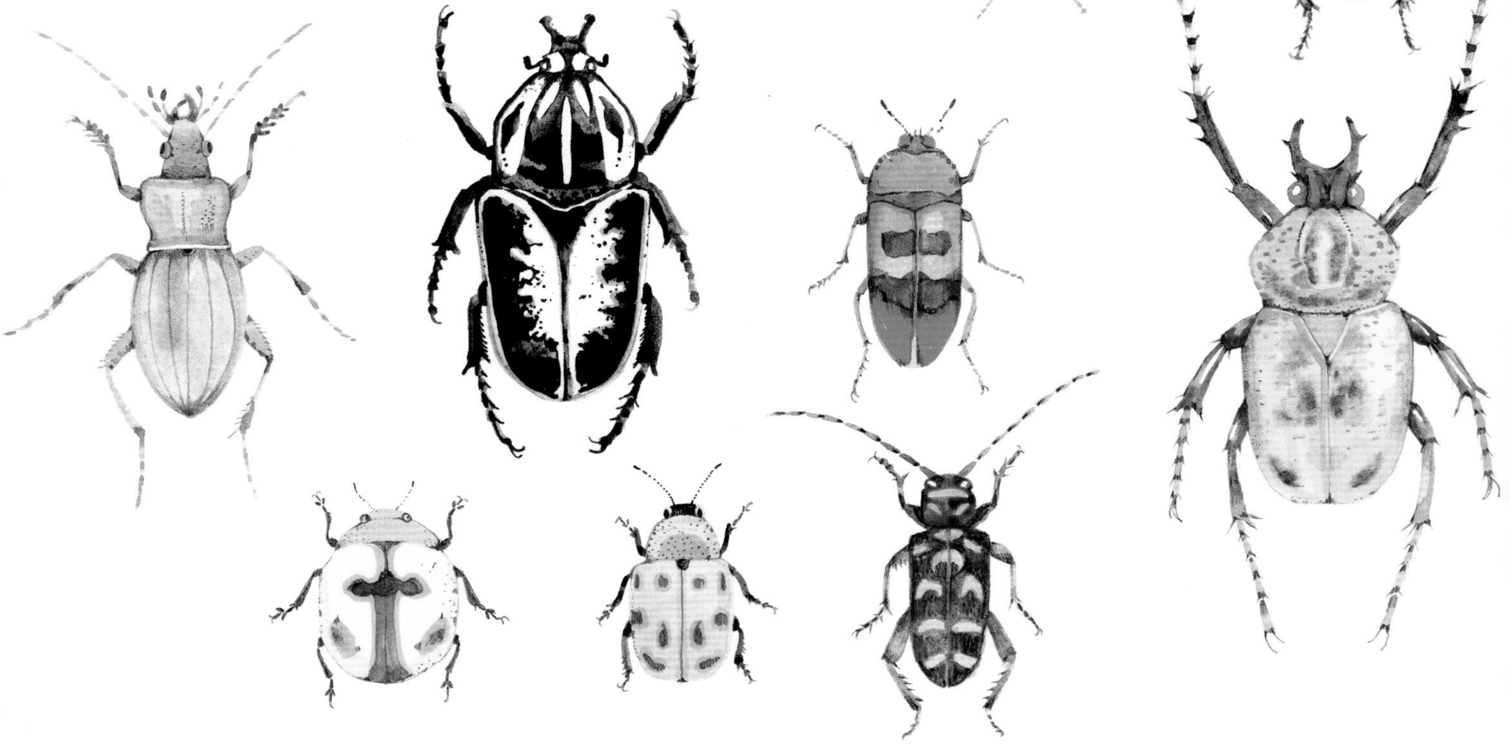

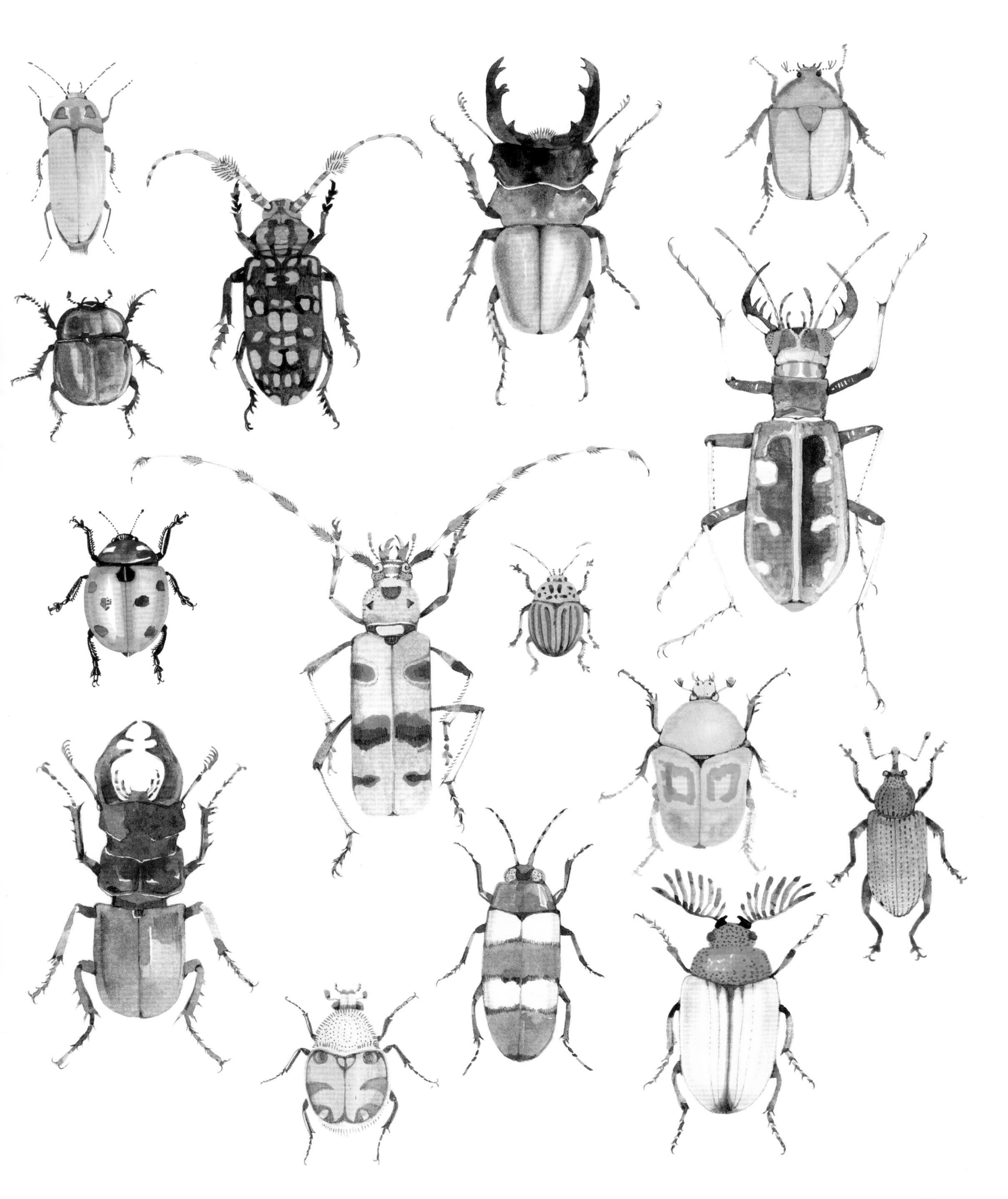

重返大海：鲸类的故事

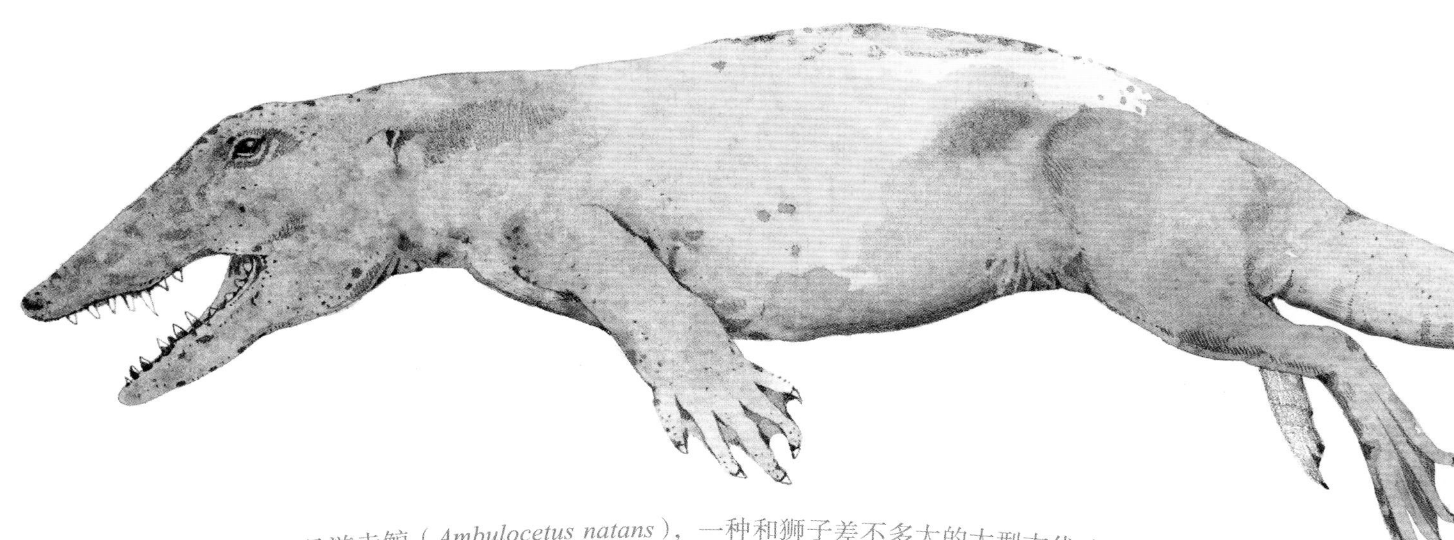

鲸类最著名的祖先是游走鲸（*Ambulocetus natans*），一种和狮子差不多大的大型古代哺乳动物。它很有可能生活在湖泊和河流里，就像是一只巨大的水獭一样，但是它的头部形状却更像鳄鱼。

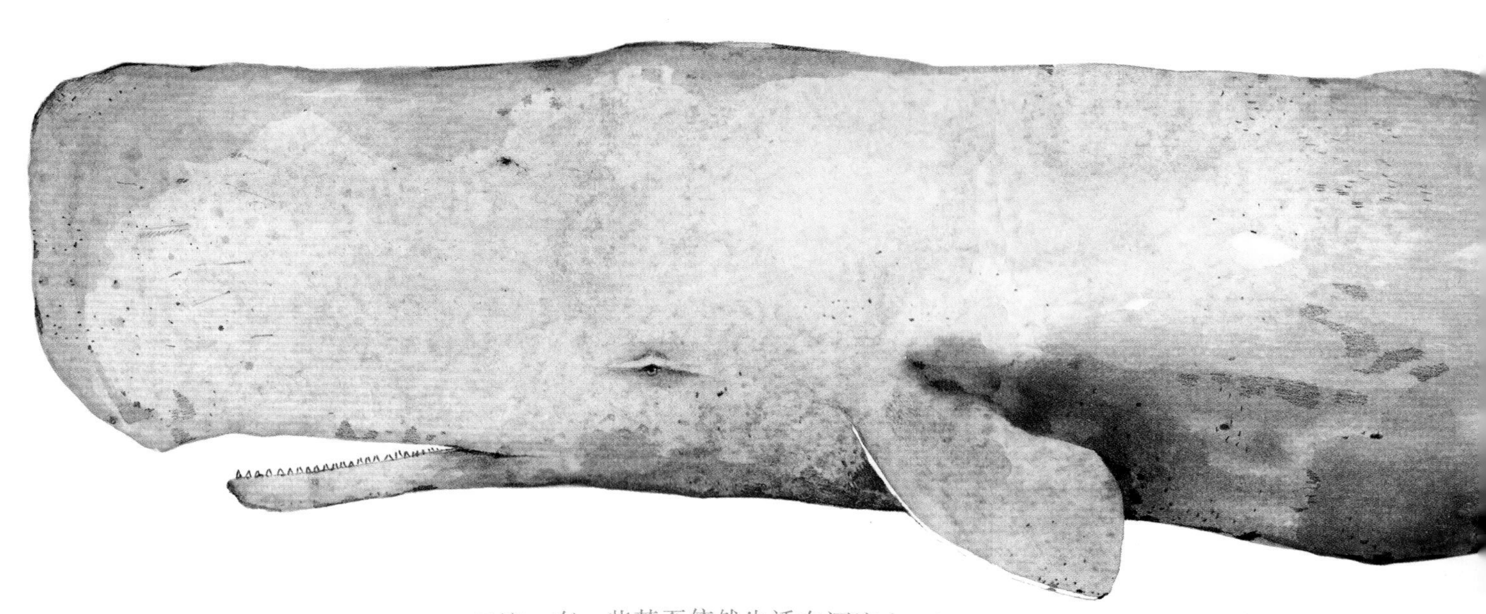

在现今，鲸类几乎遍布所有水生环境，有一些甚至依然生活在河流中。抹香鲸（*Physeter macrocephalus*）是目前有牙齿的鲸类中（因为大部分鲸类嘴里都长着须，并且只以小鱼和小虾为食）最大的一种。它身长 20 米，可潜入 2000 米的深度，可以潜水长达两个小时。

鲸类和海豚属于鲸目。鲸目是哺乳纲下设的一个动物数量庞大的分类单元。令人惊讶的是，它们的祖先在5000万年前就诞生了，仅在恐龙之后，并且是一种生活在陆地上的哺乳动物。水下的世界在当时显然仍未被探索，可以给生物提供许多生存的机会，因此它们祖先中

的一些个体为了到水中生活，改变了它们的体形和生活方式。在20世纪，我们发现了一些详细记载了这个过程的化石。鲸目是从最开始的，如同大型犬一样的笨拙体态，慢慢演化成一种和现今的海豚相似的形态的。

从陆地到海洋，
鲸目的漫长路程

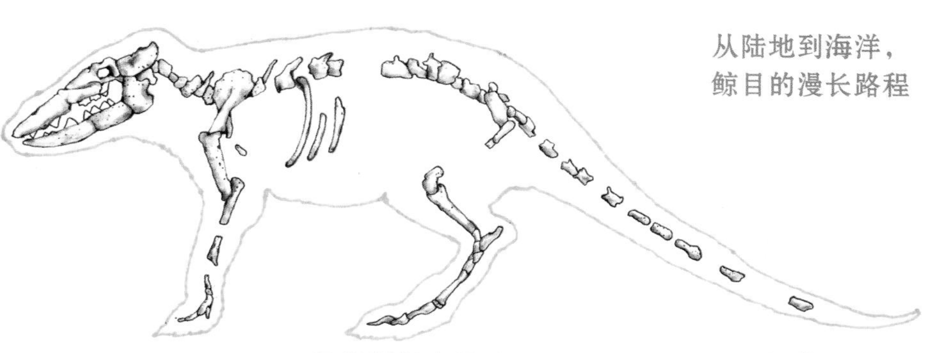

巴基斯坦古鲸（*Pakicetus*），5000万年前

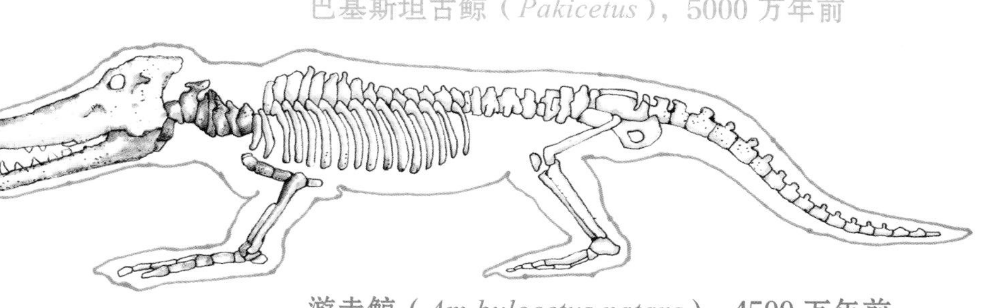

游走鲸（*Am bulocetus natans*），4500万年前

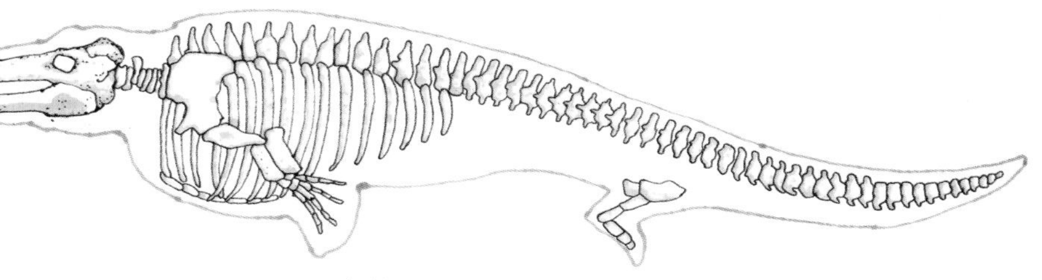

矛齿鲸（*Dorudon atrox*），3500万年前

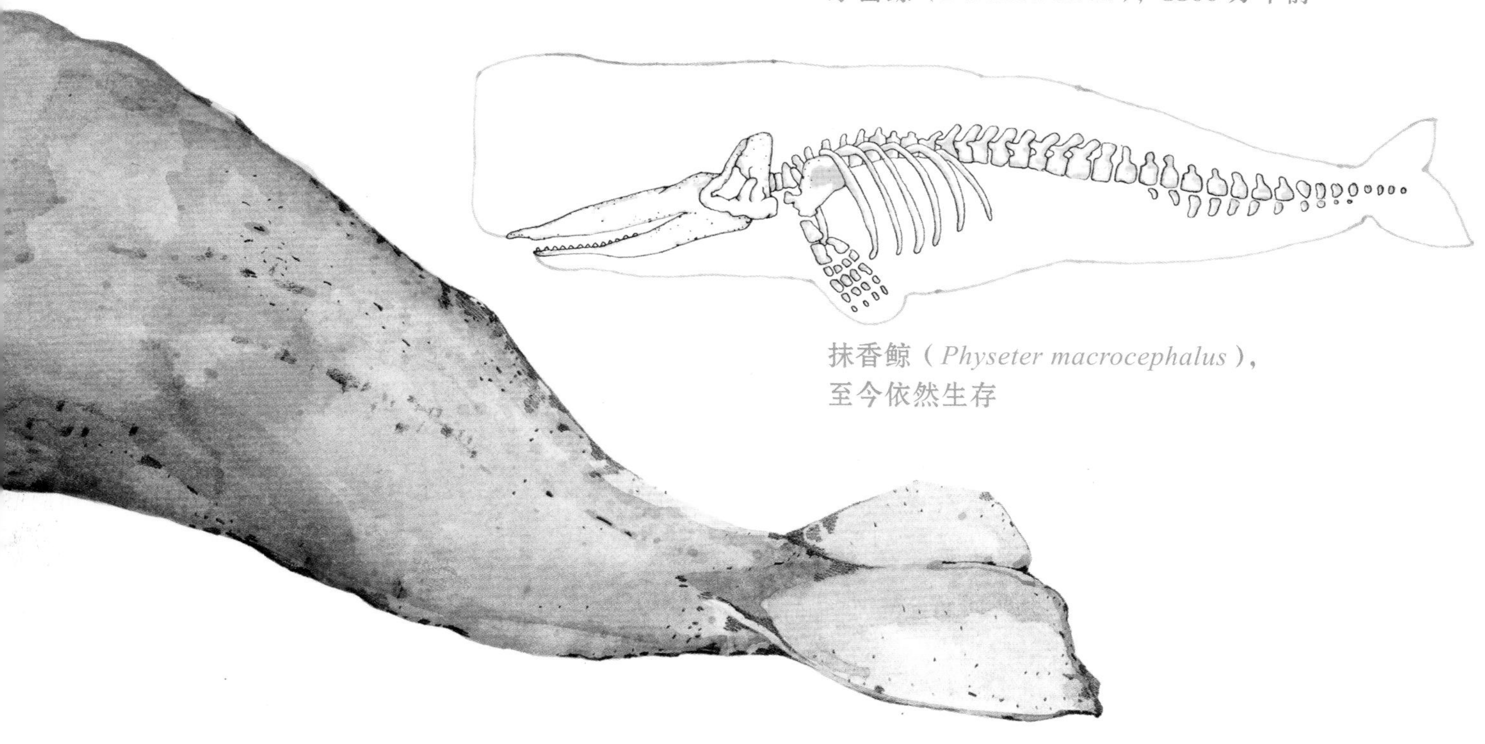

抹香鲸（*Physeter macrocephalus*），
至今依然生存

在亚洲加里曼丹岛
的热带雨林里，一
只云豹正准备从背
后攻击一只长鼻猴。

生存之战

为了可以在季节不断变化、同类互相竞争、捕食者四处潜伏的环境中生存下去，所有的动物都需要找到属于自己的生存方式。大自然没有规则，只要能达到目的就可以不择手段：欺骗、联盟、出卖和使用各种化学武器都是生存之战中的有效方法。

食物链

有一句老话叫“大鱼吃小鱼”，但现实世界其实要比这个要复杂得多。动物世界存在着一个由捕食者、猎物和植物之间的复杂关系所织成的网。植物处于食物链的底部，即所谓的初级生产者，能够通过光合作用利用阳光、水和土壤中的养分产生有机物。它们是从昆虫到羚羊等各种大小不一的食草动物的食物来源。这些以其他的动植物为食的动物被称为消费者。食肉动物会捕猎其他动物，但有些食肉动物专精于捕杀某些类型的动物。在食肉动物中，有一些被称为“超级捕食者”或“顶级捕食者”，因为在食物链上没有其他动物可以捕杀它们。

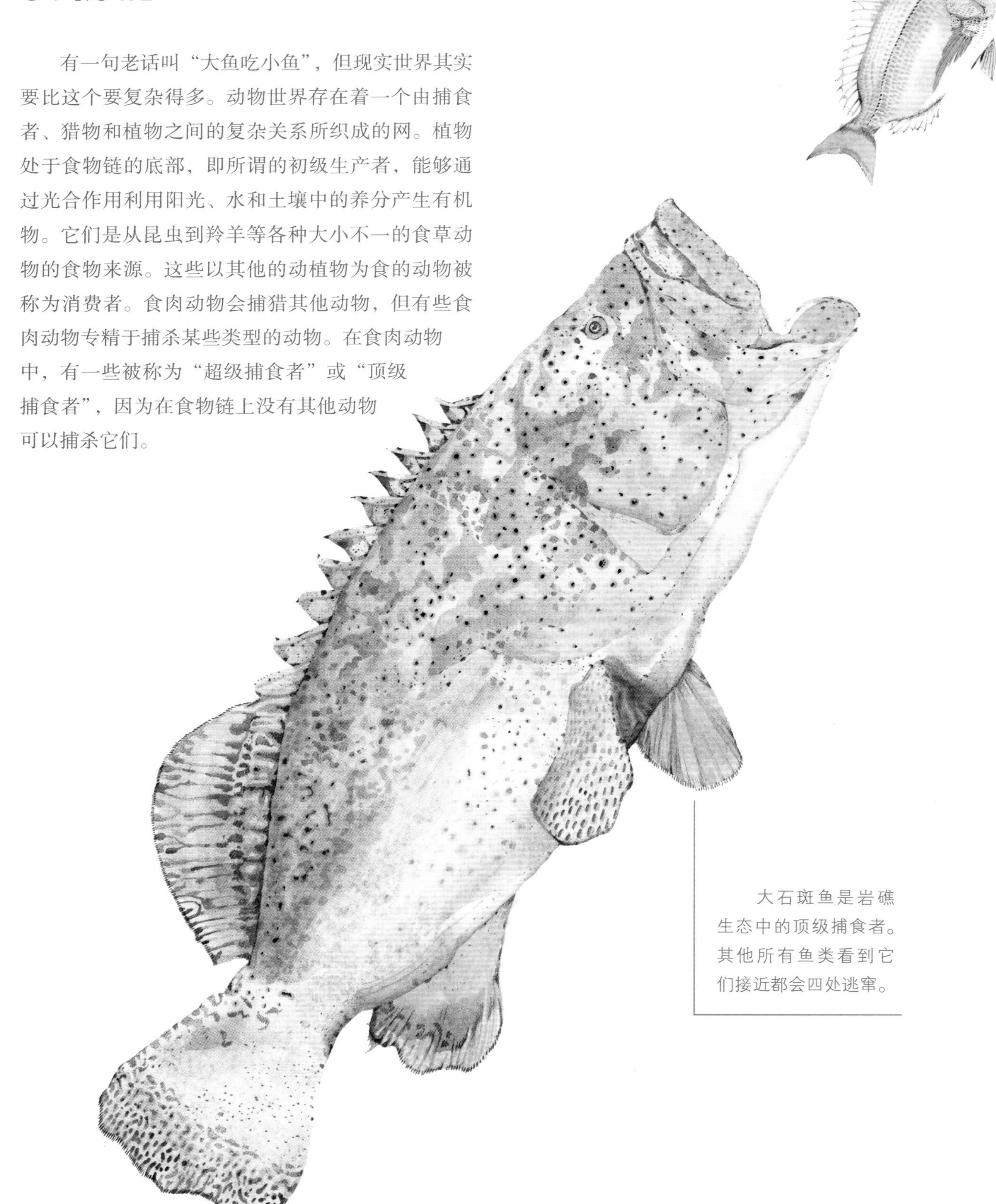

大石斑鱼是岩礁生态中的顶级捕食者。其他所有鱼类看到它们接近都会四处逃窜。

在这些图片中，我们可以认识一些在北美森林里生活的主要动物类型。狼、山猫和美洲狮在这里是顶级捕食者，它们可以压制其他所有动物。但食物链上的剩余的动物也并非毫无用处：比如，兔子在森林里的数量变少，它们的主要捕食者山猫的数量就会迅速下降。同样，如果食虫的鸟类消失，蝴蝶幼虫的数量就会增加，森林里的植物就会受到毁灭性的破坏。食物链中的每一环都紧紧相连，每个物种，哪怕再小，都在为森林里的勃勃生机做着自己的贡献。

生存面临的挑战

想要在捕食者的血口下生存，猎物就必须先于猎手一步。体弱、年幼和衰老的个体往往会最先死去，只有最健康的个体才能存活并繁衍后代。因此，捕食者和猎物之间的关系虽然起伏不定，但总的来说，这种关系还是平衡的，因为只有保持这种平衡才能维持两边的物种继续生存。生存、捕食或求生的意志也是进化的推动力之一。

猎豹是一种专门捕食黑斑羚的出色的猎手，但是为了到达今天的地位，它在进化的过程中花费了很大的努力，因此它与大草原上的其他猫科动物不同。它在白天打猎，体形轻盈，头部很小，脊柱强韧有弹性，就像是一根橡皮筋一样。修长的四肢让它在奔跑时速度最快可达 100 千米 / 时。

生存的艺术——伪装

躲避捕食者的最好方法之一就是在自己的栖息环境里伪装自己。通常，除了模仿周围环境的颜色外，模仿树干、树叶和花朵的形状也很有效。此外，长时间保持静止来避免引起注意也很重要。由于鸟类是靠视觉捕食的，一些昆虫和蜘蛛进化出了一些奇异的伪装，保护自己免受鸟类的攻击。

兰花螳螂
（*Hymenopus coronatus*）
亚洲，大小约 6 厘米

它通常隐藏在花丛中，模仿花的形状和纹路，但有时它会独自站在一片叶子上，把自己伪装成一朵兰花。如果有好奇的昆虫靠近，螳螂就会迅速发起攻击。

林鸱
（*Nyctibius griseus*）
南美洲，翼展 80 厘米

只要它一动不动地紧抓着树梢并且模仿树皮上的花纹，这种鸟就绝对不会引起任何注意。只有在夜间，它才会在森林里捕食大型昆虫。

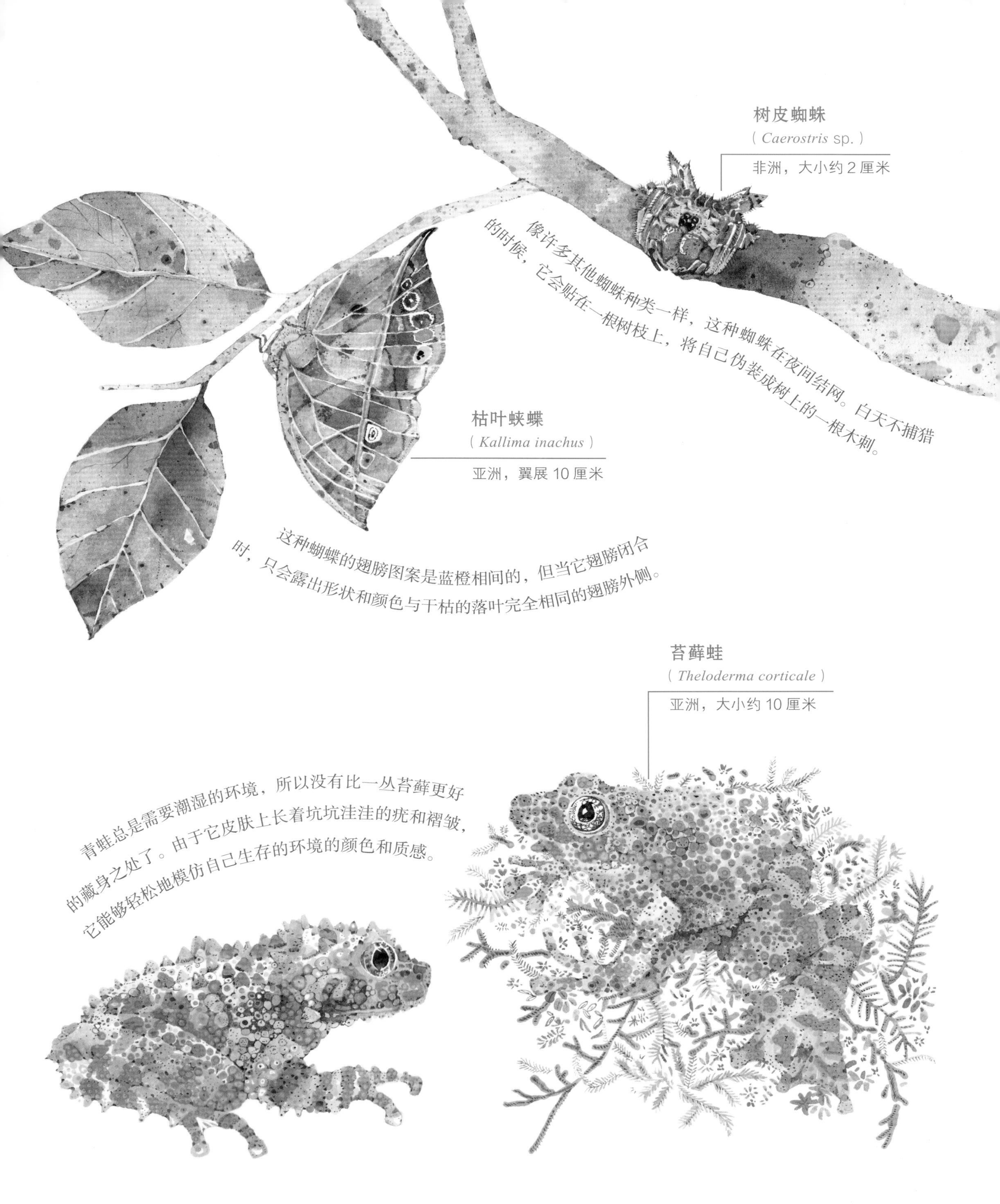

树皮蜘蛛

（*Caerostris* sp.）

非洲，大小约 2 厘米

像许多其他蜘蛛种类一样，这种蜘蛛在夜间结网。白天不捕猎的时候，它会贴在一根树枝上，将自己伪装成树上的一根木刺。

枯叶蛱蝶

（*Kallima inachus*）

亚洲，翼展 10 厘米

这种蝴蝶的翅膀图案是蓝橙相间的，但当它翅膀闭合时，只会露出形状和颜色与干枯的落叶完全相同的翅膀外侧。

苔藓蛙

（*Theloderma corticale*）

亚洲，大小约 10 厘米

青蛙总是需要潮湿的环境，所以没有比一丛苔藓更好的藏身之处了。由于它皮肤上长着坑坑洼洼的疣和褶皱，它能够轻松地模仿自己生存的环境的颜色和质感。

发生在眼前的进化：桦尺蠖的例子

大山雀（*Parus major*）等小型鸟类是昆虫的天敌。这些鸟会在植被和树干搜索捕猎它们。

进化不断地在我们眼前发生。20世纪50年代，在英国一些工业区附近的树林中，桦树的树干被工厂所排出的废气熏黑，本地的桦尺蠖（*Biston betularia*）因为颜色更浅便无法再隐藏在树干上了，从而被鸟类大量捕食。而那些颜色更深的个体，虽然在以前只占少数，但现在反而随处可见了，因为在树干熏黑后，鸟类想要辨识它们更难了，所以它们更有概率生存和繁殖。这种现象是如此明显和出名，以至于被命名为“工业黑化现象”。随着工业污染减轻，树干的颜色变浅，浅色飞蛾的数量就又开始增加了。

桦尺蠖
(*Biston betularia*)
欧洲，翼展 5 厘米

生存的艺术——显眼

许多动物根本不会为了生存而躲躲藏藏，而是依靠清晰可辨的警戒色，表明自己体内有毒素或其他危险的防御措施。它们希望自己的捕食者已经有过负面（捕食它们）的经历,（只是出于本能）能够识别出不可食用或可以对其造成生命危险的特征，从而对它失去兴趣。

黄蜂
（*Vespula vulgaris*）
欧洲，大小约 1 厘米

黄带箭毒蛙
（*Dendrobates leucomelas*）
南美洲，大小约 4 厘米

黄黑警戒色

火蝾螈
（*Salamandra salamandra*）
欧洲，大小约 20 厘米

此外，几乎所有拥有保护机制的动物都会相互“模仿”，采用易于识别的配色，例如黄黑色或红黑色（所谓的“缪氏拟态”），其目的是使用捕猎者已知的“语言”与其沟通。这样，危险信息会得到加强，对猎物和捕食者都有好处。

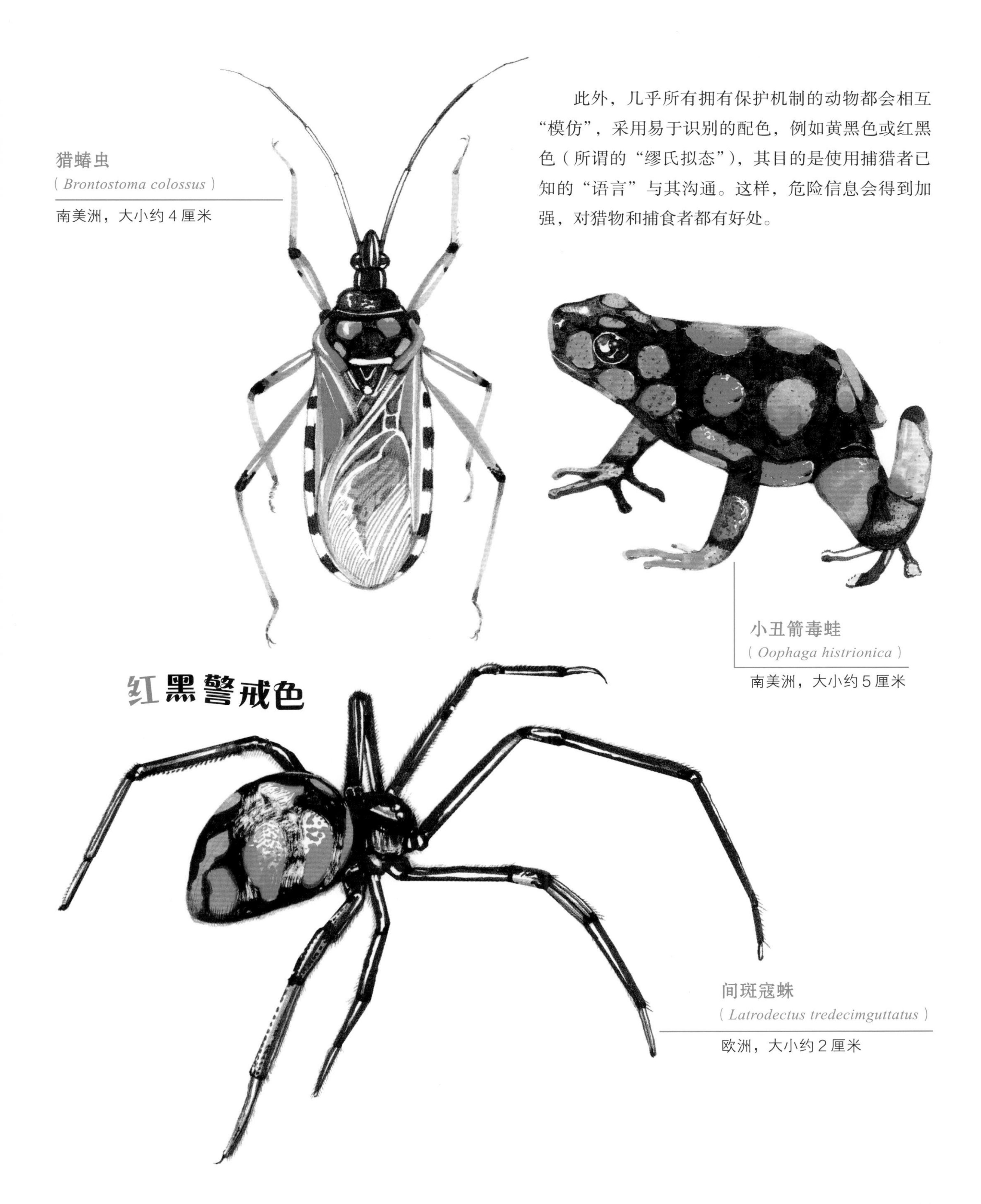

猎蝽虫
（*Brontostoma colossus*）
南美洲，大小约 4 厘米

小丑箭毒蛙
（*Oophaga histrionica*）
南美洲，大小约 5 厘米

红黑警戒色

间斑寇蛛
（*Latrodectus tredecimguttatus*）
欧洲，大小约 2 厘米

模仿者和被模仿者

我们刚才看到，一个显眼的警戒色，只要让捕食者将其与危险产生联系后，就能让自己免受它们的袭击。然而，在现实世界里动物并非一定会遵守规则……动物不是一定真的有毒或不可食用才能拥有一个艳丽的外表；事实上，有许多无毒无害的动物“复制”了危险动物的警戒色，从而在动物界产生了复杂的模仿者和被模仿者的关系。有的苍蝇和蝴蝶长得与蜜蜂和黄蜂几乎一致，有的无毒蛇的形态与有毒蛇非常接近，有的臭虫和小蜘蛛会模仿一些味道不佳的黄蜂和甲虫，等等。

真假珊瑚蛇

美洲的珊瑚蛇（属于珊瑚蛇属）有着非常致命的毒液，毒性和眼镜蛇的毒不相上下，并且身上的鲜艳色彩让人非常容易识别。而有一些虚假的珊瑚蛇（属于王蛇属等）完美地模仿了它们身上的颜色。我们可以借助一首童谣来辨别它们：

“真蛇身上黄红配，假蛇身上黑红配。”

“在我的亚马孙之旅中，我从未见过美丽但有毒的釉蛱蝶遭到掠食者的攻击。但是我常常观察到其他外表相似但是本身无毒的蝴蝶种类伴随与它们一同飞行。它们外表几乎完全相同，我只有在它们停歇时仔细观察后才能分辨出来它们的不同”。

——亨利·沃尔特·贝茨（Henry Walter Bates），1847 年，第一位研究生物拟态的英国科学家

贝茨的蝴蝶

在南美洲的热带森林中，有毒的蝴蝶并不少见，而鸟类通常会避免去捕食它们。有很多种无毒的蝴蝶，即便和它们没有任何亲缘关系，也会模仿它们的外表来误导潜在的捕食者。这种欺骗天敌的手段被称为“贝茨氏拟态”，以科学家亨利·沃尔特·贝茨命名，纪念他在 100 多年前首次记录下这个现象。

模仿它们的蝴蝶

非洲的大草原

世界上没有任何地方像无边无际的非洲大草原那样把生存的争斗暴露在我们的眼前。温和的气候和广阔的草原让不计其数的食草动物可以在同一个环境中生存，这种生物密度在其他地方是找不到的。猎物数量的充足导致捕食者的数量一样多如牛毛。但是这么多食肉动物是如何在同一个地方共存而不频繁发生冲突的呢？共存的诀窍就是在不同的时间觅食、狩猎不同种类的猎物和利用不同的技巧，这些方法都被用来减少捕食者之间的竞争。

花豹

（*Panthera pardus*）

作为夜间潜伏的专家，豹子习惯悄无声息地独自捕猎，只有在猎物距离自己只有几米时才会扑向猎物。花豹可以捕猎一些速度令狮子和鬣狗望尘莫及的小型羚羊。

斑鬣狗

（*Crocuta crocuta*）

有人认为鬣狗只是吃动物残骸和腐肉的清道夫，但实际上它们也是出色的猎手，能够通过长途跋涉将猎物的体力耗尽。在它们数量集中的地区，它们甚至可以与狮子对峙，但数量上必须是狮子的四五倍。

猎豹

（*Acinonyx jubatus*）

猎豹以其惊人的速度而闻名，它甚至可以捕捉到瞪羚和黑斑羚这种其他猎手无法捕捉的羚羊，但由于体格纤细，即使在极少数情况下它会与一两个同类结伴狩猎，它们还是无法猎杀大型的猎物。猎豹在白天捕猎，但如果它在进餐时有其他大型食肉动物来抢食物，哪怕只有一只独行的鬣狗，它也只能放弃战利品乖乖离开。

狮子

（*Panthera leo*）

作为所有猫科动物中最具社会性的动物，狮子通常群居生活，是大草原的主导者。它们是机会主义捕食者，捕食所有可能遇到的猎物，小到猴子，大到一些幼年的大象。它们在夜间最为活跃，经常成群结队地捕食，但通常无法捕捉到过于敏捷的猎物。

海洋的沿岸

从海洋深处涌出的淡水富含氧气，同时卷起了大量的养分，为小型的海洋浮游生物提供了充足的食物。这些浮游生物是数百种不同鱼类的食物，而这些鱼类又是金枪鱼、鲨鱼、海豹和海狮等海洋哺乳动物的食物。位于食物链顶端的是大白鲨和虎鲸，它们是海洋中最令人叹为观止的捕食者。

大白鲨和海狮

沿着非洲和美洲的海岸线，总会有大量的大白鲨在海狮的繁殖地附近徘徊。当海狮的幼崽出生时，大白鲨们就会光顾这里。这些大型捕食者从深处突然伏击，突袭没有任何生活经验的海狮幼崽，并猛地将其抛向空中。进化让大白鲨的血液循环系统更加适应冰冷的海水，让其捕猎时动作更加迅猛。

虎鲸和鲱鱼

与大白鲨不同，虎鲸是习惯于结伴捕猎的猎手，它们有着自己的“区域文化”，这使得它们的捕猎技巧会因地域不同而大相径庭。例如，在北欧，虎鲸会将大群鲱鱼聚集起来，再用强壮的尾巴击晕它们，然后轻松地将鱼吞食。

蜘蛛和飞虫之间的战争

如果我们去观察昆虫和蜘蛛的世界，我们就会发现在这里生存的斗争比我们之前看到的都更加激烈，成千上万的不同物种已经开发出各种具有创造性的方法来捕猎或者逃生。千万年来，蜘蛛创造出了它们最伟大的发明：蛛网，一种用于捕捉飞虫的精巧工具。但是飞虫也没有坐以待毙，它们也创造了属于自己的针对性措施。

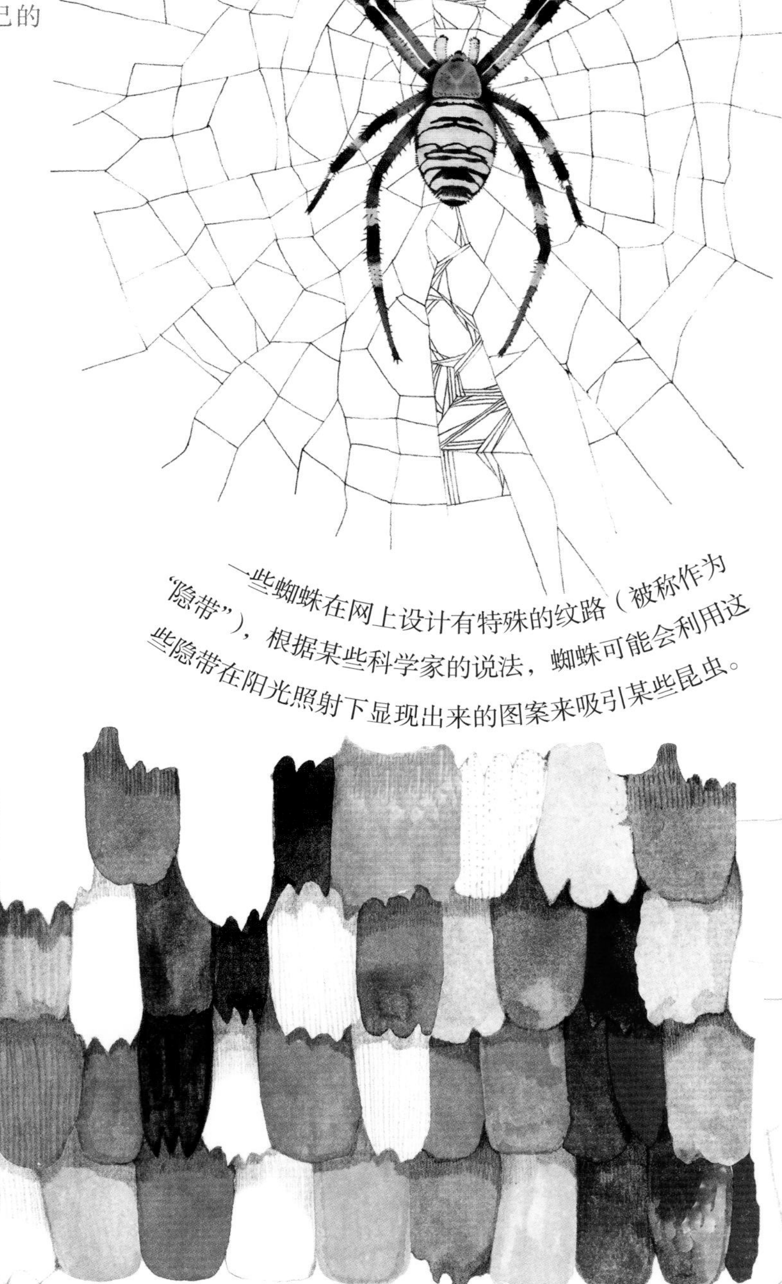

一些蜘蛛在网上设计有特殊的纹路（被称作为“隐带”），根据某些科学家的说法，蜘蛛可能会利用这些隐带在阳光照射下显现出来的图案来吸引某些昆虫。

虽然在我们看来，它们是如此脆弱和无害，但蝴蝶也有自己的方法从蜘蛛的手中逃脱。在它们巨大的彩色翅膀上铺有一层类似于瓦片的微小薄片（就是所谓的“鳞粉”），这些薄片很容易脱落，让蝴蝶可以从蜘蛛网的束缚中解脱出来。

闪闪发光的亮丝，或许是在引诱某些昆虫。

规模较大的圆形蛛网用几根较粗的径向丝线作为框架，上面会搭上较细的蛛丝，再滴上少量用来黏着和束缚落入网中的昆虫的天然胶水。这种结构使得蜘蛛可以在昆虫落网时用更多的蛛丝去缠绕它的猎物，最后用口器将毒液注入其体内。世界上最结实和最令人印象深刻的蜘蛛网是络新妇属的大型热带蜘蛛所织的网：它们直径约一米，甚至可以把小型的鸟类给缠住。

猛禽的翅膀

乍一看，猛禽，例如鹰类和隼类，似乎都大致相同。但仔细观察后，我们可以发现进化过程改变了它们翅膀和尾巴的形状，而这和它们的生活习性和捕猎习惯有关。有一些选择提高飞行的速度，另一些则选择加强灵活性或飞行的距离。

短尾雕

（ *Terathopius ecaudatus* ）

非洲，翼展 180 厘米

非洲的大草原上的猎物很丰富，但是竞争也很激烈，这不仅限于猫科动物之间，猛禽之间也存在着竞争。短尾雕已经成了低速长距离飞行方面的专家：它宽大的翅膀可以让它毫不费地在空中飞行，而短小的尾巴可帮它减少空气的阻力。在这些体态特征的帮助下，这种猛禽每天可以在空中盘旋数百千米，随时可以扑向地面上的猎物或残留的动物尸体。

燕尾鸢

（ *Elanoides forficatus* ）

北美和南美，翼展 130 厘米

没有什么猛禽的外形比燕尾鸢更奇特了，它那条酷似燕子的剪刀形尾巴让它可以在低速飞行时保持很高的灵活性，有助于它在它生活的美洲地区的河流沿岸捕捉蜥蜴、青蛙和大型昆虫。

游隼

(*Falco peregrinus*)

遍布全球，翼展 120 厘米

世界上没有比游隼更快的动物了，它能够以近 300 千米 / 时的速度俯冲猎物。它在高空巡逻时，可以借助敏锐的视力寻找下方经过的鸟类，然后垂直扑向猎物，像一颗子弹一样从上方坠落。可怜的猎物，就像这幅图中的雉鸡一样，只能被它的捕猎者冲撞而死。捕猎者会把猎物带到树枝上或地上，安心地进食。

雀鹰

(*Accipiter nisus*)

欧洲、亚洲和非洲，翼展 70 厘米

平时栖息在树林中的麻雀鹰是在树上狩猎的专家。它又宽又长的翅膀和长长的尾巴使它能够在不损失速度和灵活性的情况下在空中快速转弯。这种猛禽以小型林地鸟类为食，它会趁它们不备时从空中对它们迅速发出攻击。

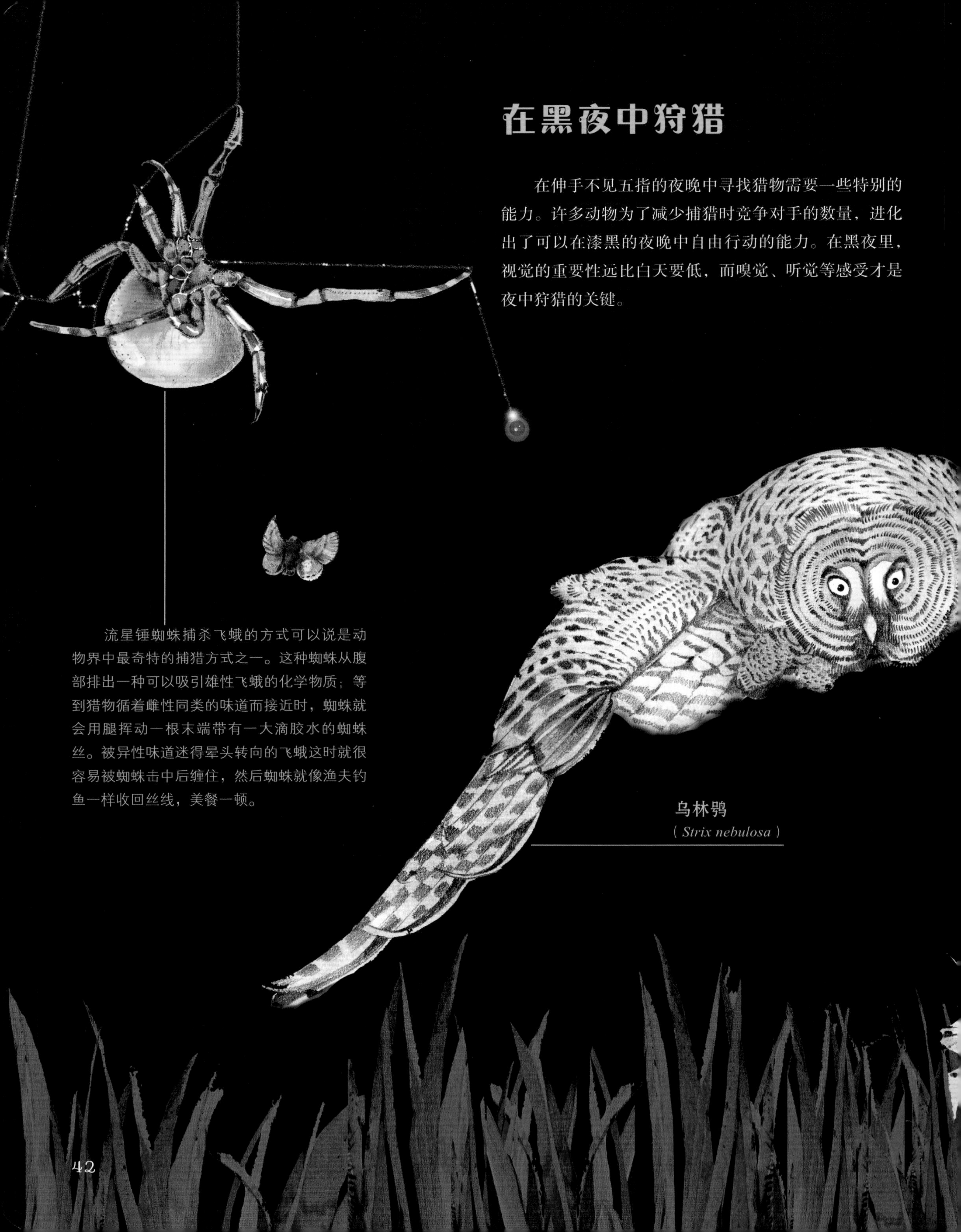

在黑夜中狩猎

在伸手不见五指的夜晚中寻找猎物需要一些特别的能力。许多动物为了减少捕猎时竞争对手的数量，进化出了可以在漆黑的夜晚中自由行动的能力。在黑夜里，视觉的重要性远比白天要低，而嗅觉、听觉等感受才是夜中狩猎的关键。

流星锤蜘蛛捕杀飞蛾的方式可以说是动物界中最奇特的捕猎方式之一。这种蜘蛛从腹部排出一种可以吸引雄性飞蛾的化学物质；等到猎物循着雌性同类的味道而接近时，蜘蛛就会用腿挥动一根末端带有一大滴胶水的蜘蛛丝。被异性味道迷得晕头转向的飞蛾这时就很容易被蜘蛛击中后缠住，然后蜘蛛就像渔夫钓鱼一样收回丝线，美餐一顿。

乌林鸮
（*Strix nebulosa*）

蝙蝠是夜间飞行的冠军，它们可以凭借着声音的传播躲避障碍物和寻找猎物。它们可以发出一种高频率的叫声，也就是超声波。超声波会在黑暗中传播，并且在碰到物体时被物体反射，而这些回声会再被蝙蝠接收。蝙蝠接近自己的目标时，比如在捕捉飞蛾时，会增加其叫声的频率以获得更加清楚的画面来更准确地对猎物发出致命一击。人类是听不到蝙蝠发出的声音的，因为它们的频率太高了。我们只能借助一些特殊的仪器，也就是所谓的“超声波探测仪”，来识别这些声音。

即便再怎么努力保持安静，一只小田鼠在夜间进食的时候还是会发出一点细微的声音。这点声音足以引导在暗中觅食的乌林鸮对猎物发出攻击。从正面看，乌林鸮的头部形状扁平，像个圆盘一样。这个特殊的形状会把声音指引到它们的耳朵里，让它们可以在黑暗中准确地找到猎物的位置。乌林鸮在黑暗中的视力也比我们要强得多，可以更好地帮助它们在夜间狩猎。乌林鸮的羽毛也非常特别，可以帮助它迅速无声地在空中飞行，因此不会惊扰到猎物。在黑夜里狩猎时，速度并不关键，灵活性和隐匿性才是更为关键的因素。

剧毒的威力

毒可以说是动物进化史上最强悍的武器之一。在进化过程中，许多不同种类的动物进化出了可以伤害或杀死敌人的剧毒。这些动物并没有亲缘关系，但它们都有着可以生产出蛋白质毒素的腺体。在攻击或自卫时，它们会通过牙齿、毒刺或刺细胞把毒液注射到敌人体内。虽然大部分动物的毒素对人类来说都算不上危险，但是以蛇类为首的某些动物拥有可以威胁到人类生命的剧毒。

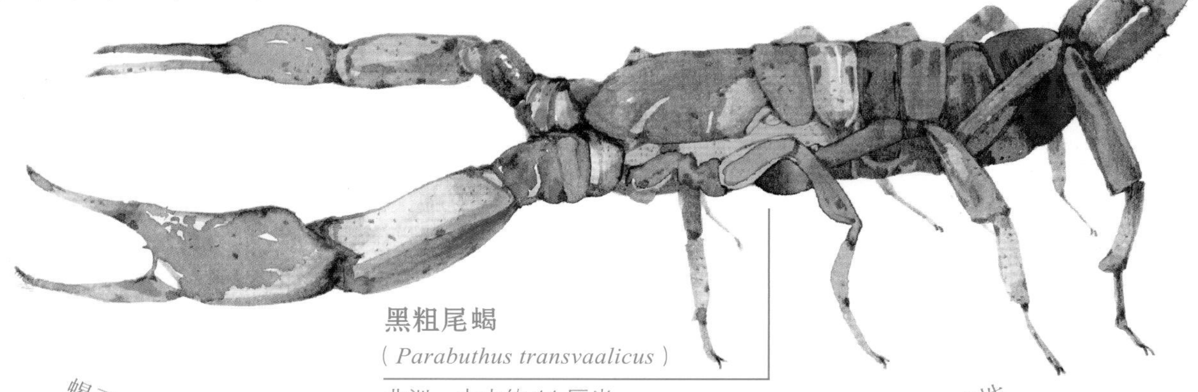

黑粗尾蝎
（*Parabuthus transvaalicus*）
非洲，大小约 11 厘米

蝎子粗大的尾巴末端（学名“尾结”）部分有一根硕大的毒刺。蝎子是蛛形纲中毒性最强的动物，其中有约二十种蝎子的毒性即便对人类也是致命的（但是毒性远没有蛇强）。尾巴比体积更大的品种的毒性比螯肢（学名“触肢”）更粗壮的品种要强。

黑颈喷毒眼镜蛇
（*Naja nigricollis*）
非洲，长约 2.5 米

作为两种可以让人闻风丧胆的剧毒蛇，眼镜蛇和曼巴蛇能够产生一种可以破坏神经系统的毒素。它们有两颗短小而坚固的前牙，专门用来把毒液注入猎物体内。有一些特殊的种类，例如南非的黑颈喷毒眼镜蛇蛇可以将毒液喷至数米远。这是因为它们可以通过挤压肌肉在毒腺里产生压力，让毒液从空心的前牙高速喷出。这种喷射行为往往是防御性的，毒液和肌肤接触也是没有危险性的，但是不能让毒液进入口内，更不能碰到眼睛，否则可能会引起永久性失明。

巴西游走蛛

（*Phoneutria fera*）

南美洲，5厘米

蜘蛛的危险性一般比蝎子要低，但有些蜘蛛品种的毒性依然令人谈之色变。生活在南美洲雨林中，栉足蛛属的巴西游走蛛体内有着可以令人丧命的剧毒。为了警告敌人，它们会像跳舞一般举起螯肢，展示下面显眼的橙色线条：小看这样的警告，生命就会面临危险。

西部菱斑响尾蛇

（*Crotalus atrox*）

北美洲，长约2米

响尾蛇的毒牙比眼镜蛇的要长，平时缩在上颚里，但是在攻击的时候就会展现出来。体形最大的响尾蛇品种的毒牙，长度最长可以达到4厘米。它们的毒素主要破坏身体的组织和血液，发作的速度也比神经毒素要慢，但还是可以造成非常可怕的创伤。

一个万用的工具：鸟喙

鸟喙可以说是鸟类进化过程中最巧妙的“发明”之一。它由骨组织与角蛋白（一种构成我们的指甲与头发的物质）组成，又坚硬又结实。为了应对每天的磨损，鸟喙的外壳部分会一直生长。鸟喙不仅仅是鸟类用来进食的工具，甚至可以认为它和人类的手一样重要：鸟类可以用喙来捡拾物品（比如搭窝用的材料）、打理羽毛，还可以用喙来吸引异性的注意力。

刀嘴蜂鸟
（*Ensifera ensifera*）
南美，翼展 15 厘米

如果想要吃到一些细细长长的花朵的花蜜的话，就需要用到一个同样细长的鸟喙，再配上一个量身定做的长舌头。刀嘴蜂鸟生活在南美洲安第斯山脉森林中，它们的喙非常轻薄，但大约可以长到 10 厘米长，如同它的身体一般细长。

黑剪嘴鸥
（*Rynchops niger*）
南美洲和北美洲，翼展 110 厘米

黑剪嘴鸥的喙在鸟类里也是独一无二的。它们的下颚比上颚长，在捕食时它们会紧贴水面飞行，把又薄又轻的下喙插入湖水和河水中，并将被“叉起”的小鱼送入嘴中，然后马上将嘴合上把美餐吞下。

马来犀鸟

(*Buceros rhinoceros*)

亚洲，翼展 150 厘米

在形色各异的鸟喙中，马来犀鸟的喙可以说是最奇特的一个了。它们的喙上有一个装饰性的巨大突起，可以给它们的叫声起到扩音的作用。虽然它们的喙看起来非常的碍事，犀鸟还是可以借助灵活的脖子和头部轻松地进食。

鲸头鹳

(*Balaeniceps rex*)

非洲，翼展 250 厘米

鲸头鹳也被称为“鞋头鹳”，这是因为它们的上颚形状酷似荷兰的手工木鞋。鲸头鹳的喙宽大而结实，但末端稍细而呈拱形。这种形状利于它们在非洲的沼泽里捕食小鱼、青蛙和蜥蜴。

虎头海雕

(*Haliaeetus pelagicus*)

亚洲，翼展 200 厘米

所有猛禽的喙都看起来很霸气，但是很难有比虎头海雕的喙更霸气的喙了。它又大又锋利，是捕鱼的绝佳工具，颜色呈鲜艳的黄色，体积比其他鸟类的喙要大上许多。平时它们可能就是借助这个又大又显眼的鸟喙来吸引异性的注意力的。

生化武器的发明

为了躲避捕猎者，动物们会以各种各样的方式保护自己的生命。有的躲，有的逃，有的会主动攻击，还有的会用腺体产生的特别的化学成分来保护自己。这些腺体可以在紧急情况下分泌出难闻的气味或有强烈刺激性的成分来驱赶或吓退袭击者。许多动物，尤其是昆虫，都掌握了这种技能，它们还因此进化出了显眼的颜色，告诉大家自己不好惹。

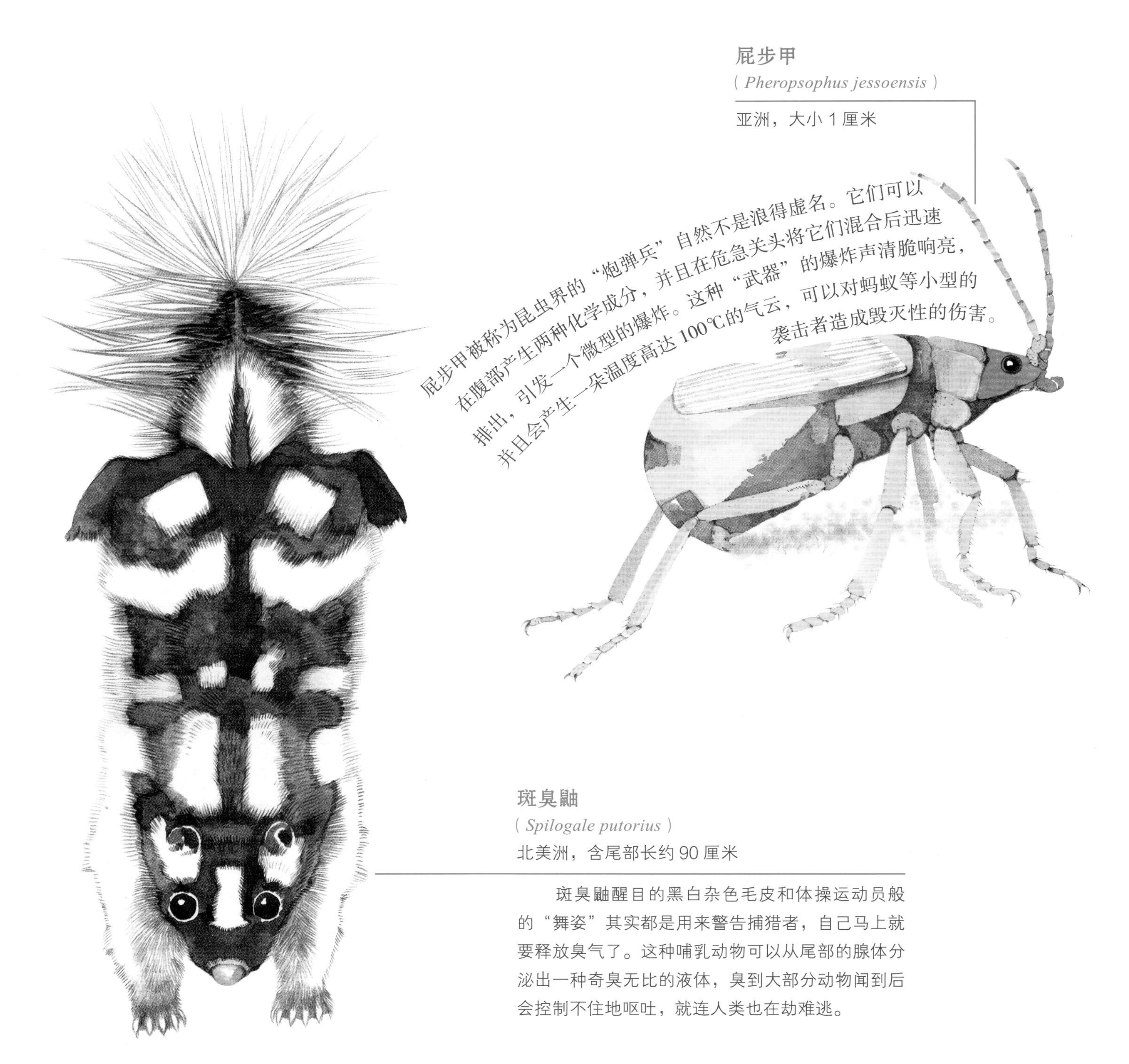

屁步甲

(*Pheropsophus jessoensis*)

亚洲，大小 1 厘米

屁步甲被称为昆虫界的“炮弹兵”自然不是浪得虚名。它们可以在腹部产生两种化学成分，并且在危急关头将它们混合后迅速排出，引发一个微型的爆炸。这种“武器”的爆炸声清脆响亮，并且会产生一朵温度高达 100℃的气云，可以对蚂蚁等小型的袭击者造成毁灭性的伤害。

斑臭鼬

(*Spilogale putorius*)

北美洲，含尾部长约 90 厘米

斑臭鼬醒目的黑白杂色毛皮和体操运动员般的“舞姿”其实都是用来警告捕猎者，自己马上就要释放臭气了。这种哺乳动物可以从尾部的腺体分泌出一种奇臭无比的液体，臭到大部分动物闻到后会控制不住地呕吐，就连人类也在劫难逃。

有鞭目（Uropygi）下的品种是一群鲜为人知的蛛形纲动物，它们在形态和生活方式上与蝎子有些相似。它们一般在夜间捕食，利用强壮的触肢捕捉地面上的昆虫。它们不像蝎子一样拥有带毒刺的尾巴，而是有一根细长的尾鞭。这根尾鞭能够往空气中分泌出一种有刺激性的物质，就像图片里的这只有鞭蝎在吓退一只好奇的小鸟时所做的那样。这种物质对人类的健康无害，但是味道非常地强烈，闻起来像过期发霉的果醋一样。

令人作呕的气体

有鞭蝎
（*Thelyphonida*）
亚洲，大小 10 厘米左右

学会飞行

飞鱼科

（*Exocoetidae*）

遍布全球海洋，长约20厘米

昆虫是最先学会飞行的物种：远古时期的蜻蜓虽然体积和老鹰一样大，但是和现今存在的蜻蜓没有太大的区别，它们早在三亿年前就已经可以自由飞行了，比恐龙诞生还要早上数千万年。在这之后的几亿年里，翅膀在不同的物种里发生了翻天覆地的变化。先是翼龙（一种已经灭绝的大型飞行爬行动物），再是鸟类和蝙蝠类，这些动物都是出色的飞行者，它们可以熟练地运用风力，只要挥动翅膀就能轻松地在空中翱翔。与此同时，也有很多其他物种“临摹”出了自己的翅膀。这些哺乳动物、爬行动物、两栖动物、鱼类、无脊椎动物，甚至一些需要将种子传播到远处的植物，通过自己的方式“学”会了飞行。虽然这些生物的飞行能力都无法与鸟类、蝙蝠和昆虫等可以自主飞行的物种相比，但是在风的推动下，它们还是能够稳定地滑翔很长的距离。

由于金枪鱼、海豚和鲨鱼等捕食者的存在，开阔的海洋对于小鱼来说是一个非常危险的地方。为了脱离险境，飞鱼科的鱼类可以跃出水面，然后展开它们巨大的胸鳍，就像展开翅膀一样，在空中滑翔。即将接触水面时，它们就会用力地摇动尾鳍来再次获得一点推力，让自己在空中停留得更长一些。

黑掌树蛙

（*Rhacophorus nigropalmatus*）

亚洲，长约10厘米

看看这只东南亚热带青蛙的脚：当它张开脚趾时，指间的蹼就会像四把小伞一般撑开，减缓落下的速度，让它在森林的树冠之间自由滑行。虽然蹼指不能把下降的速度减慢到可以平稳落地的程度，但它一般会尝试在宽阔的叶子上着陆，因为叶子可以吸收它下落的冲力，并且更容易抓住。

北方鼯鼠

(*Glaucomys sabrinus*)

北美，含尾部长约 40 厘米

与它们的近亲蝙蝠不同，北方鼯鼠不会拍打翅膀，但是它们的滑翔能力可以说是动物界里数一数二的。观察图中的这只北美品种，我们可以发现北方鼯鼠滑翔的秘密就是它的前腿和后腿之间延伸的一层皮膜，也称“飞膜”。张开四肢时，北方鼯鼠就会如同风筝一般在森林中飞行。这种飞行方式给人类带来了启发，发明了如今跳伞时会穿上的“翼装”。穿上这种装备从飞机跳下后，人们就可以在空中滑翔数千米远。

天堂金花蛇

(*Chrysopelea paradisi*)

亚洲，长约 2 米

既然青蛙都能飞了，蛇又为什么不行呢？同样栖息在东南亚的雨林中，金花蛇属的蛇类拥有在受到威胁时可以从一棵树滑行到另一棵树的能力。由于它们的肋骨可以向外撑大，它们可以把身体压得扁平，在下落时产生一个可以支撑起自己体重的阻力，因此可以在空中滑翔数十米。

动物的群居逻辑

我们已经习惯看见大批动物群居的样子：深海中成群结队的鱼群，空中结队飞行的鸟类，花园里四处乱窜的昆虫，大草原上的成群迁徙的大型哺乳动物。群居对动物的生存有很多的帮助，最主要的是可以用庞大的数量迷惑掠食者，让它们很难在大群中锁定猎物。但是维持数量是需要付出代价的：同类之间必然会争夺食物。因此，习惯群居的动物一直在不断地改变据点，而它们成群移动时的景象往往令人叹为观止。

令人赞叹不已的椋鸟飞行

每到秋天，成千上万的紫翅椋鸟就会到达人类居住的城区，例如意大利的首都罗马，寻找一个可以躲避寒冷和捕食者的地方过夜。在它们迁徙的过程中，傍晚的空中就会出现各种各样由鸟群形成的巨大形状。数千只飞鸟在空中有条不紊地同步飞行的样子，美得让人说不出话来。这种飞行方式可以令它们的天敌——游隼——的攻击失效。在面临这些快速飞行的鸟群时，游隼很难把精力集中到一个单独的目标上，因此无处下手。那它们又是怎么会这样整齐有序地并肩飞行的呢？每只鸟都会让自己的动作与自己附近的 5 或 6 只鸟保持同步，跟着它们随时改变自己的飞行方向。每一个小变化都会在短短几秒内让鸟群的每一个个体都做出反应。

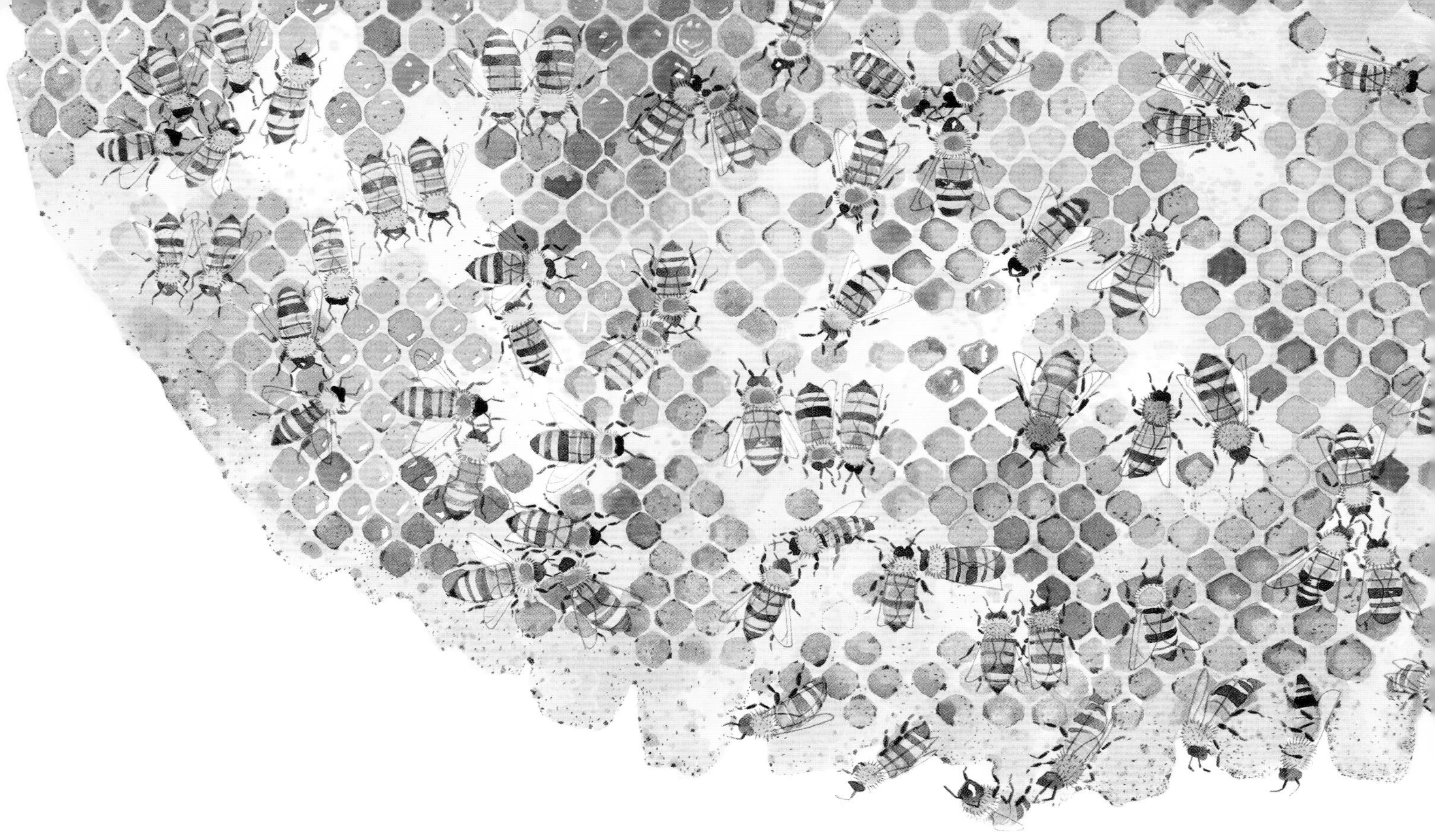

蜜蜂，一种社会动物

没有比蜜蜂更能体现“团结就是力量”这句话的道理的动物了。蜜蜂团结在一起的时候真的无所不能。它们建造的巢非常有特色，由紧密排列的六边形结构组成，因为六边形是最能完美利用空间的形状。蜂王产下的卵和幼虫就在工蜂的照料下在这些结构里成长。蜜蜂也会成群结队地去寻找花蜜和花粉，从中产出珍贵的蜂蜜。它们甚至可以使用自己独一无二的“舞蹈”来和同类交流，传递信息。

花朵“狩猎”者

年轻的蜜蜂一开始只在蜂巢的周围活动，但是它们在成熟后就会出去采蜂蜜，专门去周围的田野里寻找花朵。它们会把采集到的花粉收集在腿部的凹槽里，将花粉带回蜂巢后再转换成蜂蜜，变成幼虫的主食。

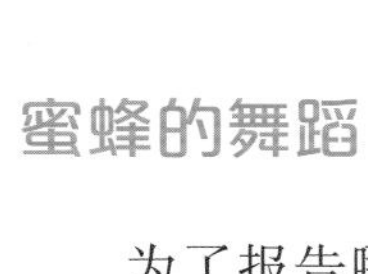

蜜蜂的舞蹈

为了报告哪里的食物最充分，负责探查的蜜蜂会在同伴面前“翩翩起舞”。实际上，这种舞蹈在视觉和嗅觉上传达了很多的信息。通过扭动身体和在蜂巢上移动，蜜蜂可以使用这种“加密”（但是科学家已经破解了这个密码）的方式向同伴传达食物的方向和距离，并且最远可以指引同伴前往距离蜂巢 5~6 千米远的位置寻找食物。虽然蜜蜂看似简单，但是它们的沟通系统至今都令科学家震惊不已。

最后的牺牲

如果需要捍卫自己的家园，蜜蜂就会使用位于腹部末端的毒针来攻击敌人。毒针通常会卡在攻击对象的皮肤上无法脱落，导致蜜蜂在攻击的同时也会失去自己肠道的一部分，最后因此而牺牲。从表面上看，进化貌似犯了一个错误，让可怜的蜜蜂白白失去了生命。但实际上，每只蜜蜂的牺牲对蜂群来说都是有着重要的作用的。卡在敌人皮肤上的毒针末端会释放出特殊的信息素，呼叫其他的蜜蜂前来保护蜂巢，抵御敌人。与蜜蜂为敌是一件危险的事情，哪怕是人类，在面对蜂群的怒火时也只能落荒而逃！

陆地上的结盟动物

即使是在动物之间，有时互相帮助也是必要的。除了帮助家人和同类，有许多动物之间还形成了可以跨越物种界限的羁绊。这些截然不同的动物或植物品种，为了能够互惠互利而选择共同生存。这种关系在科学上被称为共生关系，是一种在两种或多种不同生物体之间所形成的紧密互利关系。在某些情况下，这种共生关系在进化的推动下变得非常紧密，以至于如果彼此分开，双方就有可能就无法生存下去了。

食草动物和牛椋鸟

食草动物大批出现的地方必然会有成堆的昆虫相随相伴：有苍蝇，有马蝇，有各种各样的幼虫，还有喜欢在动物皮毛里筑巢的蜱虫。这些形色各异的昆虫，再加上动物身上的耳垢、皮脂等，是非洲红嘴牛椋鸟（*Buphagus erythrorhynchus*）的主要食物来源。这听起来对羚羊等食草动物来说是稳赚不赔的交易，但是有时这些鸟类会故意撕开动物身上的伤口来舔舐它们的血液或啄食它们的肉。这种共生关系不是完全平等的，有时一方获得的利益比另一方要大。

蚂蚁和蚜虫

有很多种蚂蚁会像人类饲养牲畜一样圈养蚜虫（俗称蜜虫）。蚂蚁会在蚜虫“放牧”（也就是吸食植物汁液）时将它们聚集起来，保护它们不受瓢虫等凶猛天敌的袭击。作为交换，蚜虫会从下腹分泌出一种含有糖分的蜜露供蚂蚁舔食。

海洋里的结盟动物

就像陆地上的动物一样，水里的动物也领悟到了共生的重要性。虽然有时一方获得的好处比另一方多，还是有许多水生动物建立起了一些双方互利的共生关系。

小丑鱼和海葵

作为一条生活在像珊瑚礁这样的危险环境中的小鱼，还有什么地方可以比一个布满尖刺的堡垒更安全呢？小丑鱼正是考虑到了这一点才选择与海葵共生的。海葵是一种与水母相近的无脊椎动物。由于小丑鱼身上会分泌一种保护性的黏液，它们可以免受海葵的攻击，自由地生活在它的触手之间。作为回报，小丑鱼会负责从蝴蝶鱼的攻击下保护海葵。蝴蝶鱼可以攻击海葵暴露在外的身体部分，是海葵的天敌。

䲟鱼与大型海洋动物

有很多的大型海洋动物时刻都有䲟鱼的陪伴。它们不会自己游泳，而是利用自己头顶上的吸盘来吸附在鲨鱼、鲸鱼和海龟等海洋动物的身体两侧，随着宿主一起遨游大海。它们这样做就可以在“搭便车”的同时以宿主的残羹剩饭为生，而自己却不用做出任何回报（虽然有时候它们会捕捉大鱼身上的寄生虫）。

吸附在鲨鱼尾鳍上的䲟鱼

珊瑚与海藻

小丑鱼的生活环境——珊瑚礁本身其实是由成千上万个珊瑚虫群体建造组成的。这些珊瑚虫是水母的远房亲戚，是一种小型的无脊椎动物。它们分泌出的石灰质外骨骼，才是珊瑚礁的主要构成材料。这种惊人的天然建筑群只能在日光充足的浅水域里找到，因为这些热带珊瑚群的组织里隐藏着一种微型的藻类：虫黄藻。这种藻类可以进行光合作用，这样在珊瑚虫的外骨骼的保护下，虫黄藻就会排出有机废物，而珊瑚虫则靠着这些有机物为生。珊瑚虫和虫黄藻的关系可以说是地球上最重要的共生关系之一，没有它，热带的海域就不会有那么多美丽的珊瑚礁存在。

以他人为代价的生存：寄生虫

有很多小动物学会了如何从更大的物种身上夺走资源来生存，它们有些生活在其他动物的血液里，有的躲在消化系统里，还有的会紧紧附着在动物的皮肤上。这些寄生虫都不会主动想要杀死自己的宿主：为了可以继续利用宿主，让宿主活下去才更符合它们的利益。

血液里的红细胞，其中一个感染了疟原虫

一只吸饱了血的按蚊

疟疾的真正罪魁祸首

疟疾是世界上对人类危害最大的热带疾病之一。它其实是由一种叫作疟原虫（*Plasmodium*）的小型寄生虫引起的。疟原虫是一种寄宿在按蚊体内的单细胞生物。蚊子作为疟原虫的携带者，在吸食人血的过程中会把它传播到人类体内。在人体里，疟原虫的数量会不断增加，并且在数量达到峰值时，就会引起严重的高烧。

恐怖的缩头鱼虱

缩头鱼虱是一种特殊的甲壳纲动物，它那独特怪异的生存方式可以说是世上绝无仅有的：在顺着鱼鳃进入鱼嘴后，它会紧紧地附着在鱼舌上，将其啃食掉一部分，用自己的身体来代替鱼舌。从此它就会寄宿在宿主的嘴里（宿主也会把它当作真正的舌头使用），靠吃宿主食物残渣生活。简直就像恐怖电影一样可怕！

一只嘴里寄生着可怕的缩头鱼虱的纹首鮨。它用自己带钩的腹肢牢牢附在舌头的残余部分上。

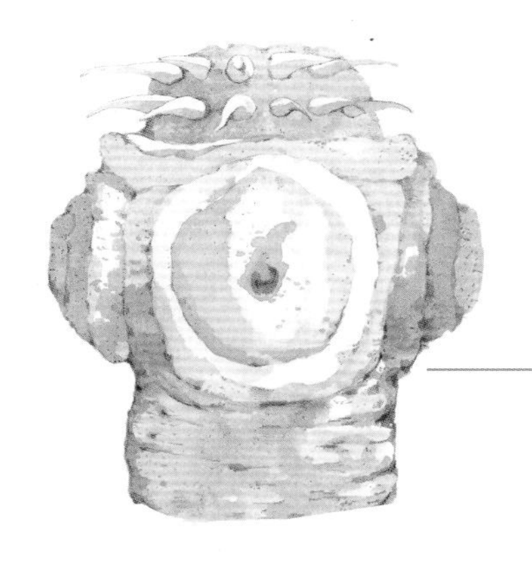

绦虫长满钩刺的头结部分，用来将自己吸附在宿主的肠壁上

绦虫

这种带绦虫属（*taenia*）的扁形寄生虫虽然薄得像张纸一样，但是可以在宿主动物的肠道内生长 2~4 米长。它们会吸收一部分从宿主身上获得的营养，并释放出数百万个卵来寻找新的宿主繁殖。寄生在各种哺乳动物体内的绦虫有许多种，并且有些数量不多的品种还会寄生在人类身上。

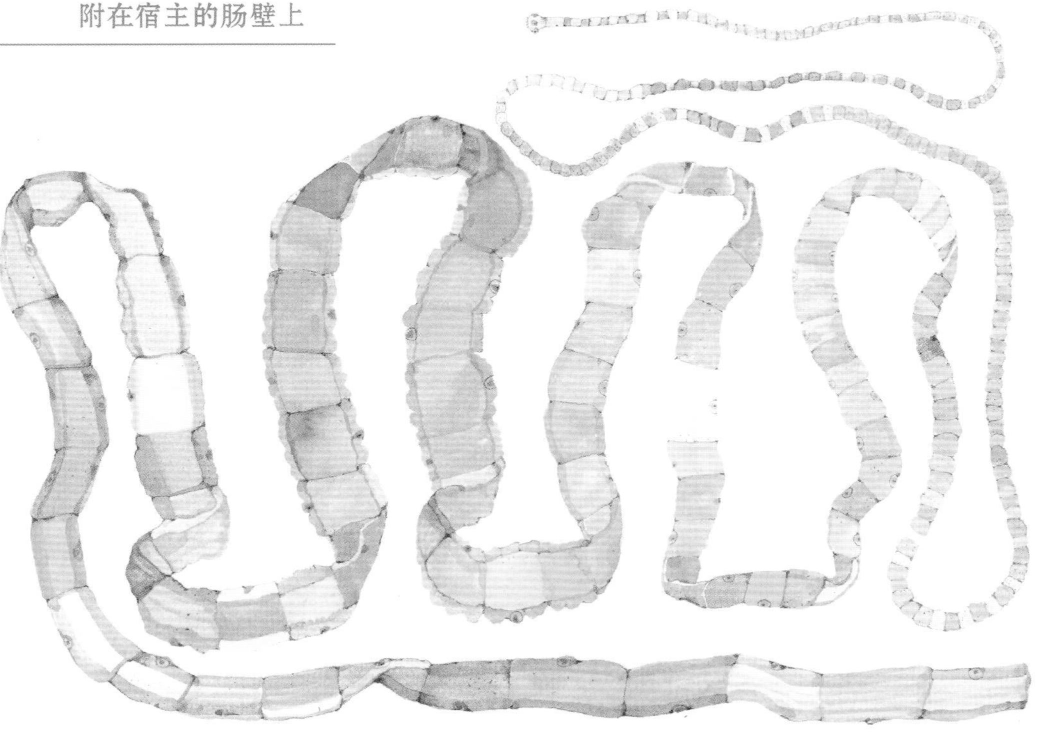

生机盎然的沙漠：纳米布沙漠

在我们的印象中，能在沙漠中生存的动物并不多。大多数情况下，现实的确如此。但是，借着超乎寻常的生存方式，最后适应在沙漠中生活的动物也不在少数。数千万年来，在非洲南部的纳米布沙漠里，生命为了可以在贫瘠的环境中生存，可以说是想尽了办法。这种进化过程的结果就是这些世界上独一无二的植物和动物。

南非剑羚抵御高温的窍门，在于其鼻子内部特殊的空气循环系统，可以用来降低大脑周围血液的温度。

纳米比亚变色龙

纳米比亚变色龙（*Chamaeleo namaquensis*），是世界上唯一在沙漠里生存的变色龙品种。它有着一条非常短的尾巴（因为在沙漠里不需要用到尾巴）和强壮的下颚，用来捕食坚硬的沙丘黑色甲虫。在清晨尚早时，变色龙会把身体的颜色变深，用来更好地吸收太阳的温度，而在一天最热的时候，它会把身体的颜色变成浅灰色来反射强烈太阳光线。

南非剑羚

南非剑羚（*Oryx gazella*），是沙漠独有的一种羚羊，以岩石间的小型植物为食，并且还会挖土寻找富含水分的沙漠块茎和甜瓜。在白天的烈日下，它的体温就算上升到45℃（人类可受不了这种温度，发烧到42℃时，就可能危及生命！）也不会有任何的不适。

轮蜘蛛（*Carparachne aureoflava*）是一种独一无二的蜘蛛，它们的一生都在沙丘上度过。它们在筑巢时会用蛛丝编制出一根深深地扎在沙子深处的细管，只有在夜间才会出来捕食昆虫。一旦遇到危险，轮蜘蛛就会把腿向身体靠拢，团成球形，然后迅速地滚下沙丘，抹去自己的踪迹：这是自然界中动物利用轮子滚动原理的罕见例子之一。

轮蜘蛛在沙丘的高处筑巢

侏膨蝰

通常，唯一找到侏膨蝰（*Bitis peringueyi*）的方式，就是观察寻找它那两只从沙粒中探出来的小眼睛。这种不可思议的蝰蛇长着一对垂直的瞳孔。狩猎时它藏在灌木丛的底部，抖动形似蠕虫的尾巴来吸引蜥蜴，然后再从地下伏击猎物。它体长只有20多厘米长，有着强烈的毒性，但不至于对人类产生危险。

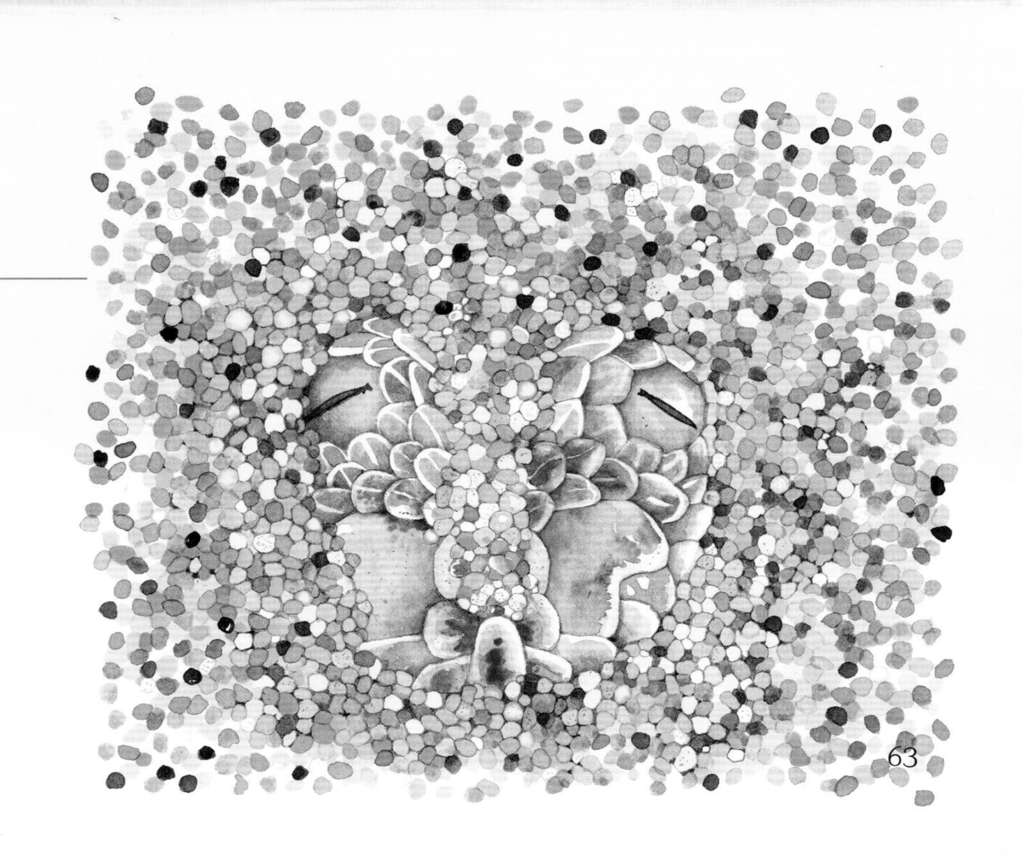

在洞穴中，这些壮观的岩层是由水里的碳酸钙沉积形成的。

300 多年前，当这种奇怪的动物在斯洛文尼亚首次被发现时，当地人给它起名为“幼龙”，足以看出对于当时的认知来说它的形态是有多么的怪异了。实际上，它是一种适应了地下河的生存环境、长约 20 厘米的蝾螈——洞螈（*Proteus anguinus*）。洞螈同样没有眼睛，而是借着在水中传播的震动来寻找一些小虾为食。

洞螈

欧洲的地底世界
斯洛文尼亚的洞穴

从洞穴入口透入的一缕阳光，只要深入几米后，就会被黑暗吞没。虽然洞穴里是黑暗与寂静的国度，但是这样的环境里生命也能继续生存。进化的力量让这里的小动物有着独一无二的特征：它们多数没有眼睛，因为在绝对的黑暗中视力毫无用处，而是长着用于探测地面的触角或长腿。这些动物从未见过一缕阳光，一直生活在交错复杂的洞穴系统里，例如欧洲最壮观的洞穴系统：斯洛文尼亚的洞穴系统。

蝙蝠

蝙蝠只有白天休息或在冬季冬眠时才会进入洞穴。在气候宜人的夜晚，它们就会飞出洞穴，出去寻找昆虫捕食。

洞穴甲虫

洞穴里没有植物，因此，居住在洞穴里的动物要么以捕猎为生，要么以动物尸体、蝙蝠粪便、烂木烂叶等流水带来的有机物质为食。细长颈甲虫（*Leptodirus hochenwartii*），一种不到一厘米长的甲虫，就是吃着这些物质在洞穴里生存的。如果离开了这样的环境，它将无法生存下去。

生活在洞穴里动物的典型特征之一就是会褪去身上的颜色：在没有阳光的环境里，鲜艳的颜毫无作用。这就是为什么许多穴居物种，例如地下水虾，身上的颜色非常的浅，有时甚至有着半透明的身体。

海底的别有洞天：深海热泉的生态环境

在数千米深的海洋深处，隐藏着一个与浅层海域和陆地上完全不同的生态系统。在绝对黑暗中，为生命提供生存的基本物质的不是作光合作用的植物和藻类，而是利用深海热泉中的化学成分作化学反应的各种细菌。地底的火山活动使富含硫性矿物的热水从海底的裂缝中不断涌出，为这些细菌提供了生存条件。这些细菌是这个海底食物链里的关键因素，它支持着许多直到几年前才为人所知的物种的生存。即使陆地上的生命突然消失，深海热泉周围的生态系统也将不会受到任何影响，继续存在。

这些深海热泉于1977年在加拉帕戈斯群岛海岸外首次被发现，从那之后，沿着海底板块的裂缝，科学家们在各大海洋底部火山活动密集的地方发现了更多的深海热泉。

深海热泉附近的海水温度可以到达30℃，并且水里的物质对许多生物来说是有毒的。只有一些专门适应这种环境的动物，如蠕虫、白蟹和某些鱼类，才能在这个世外桃源里大量存活。

如今我们探索海底时，会把探测仪器和摄像头装在一个小型有线潜水艇上，然后再潜入海底。

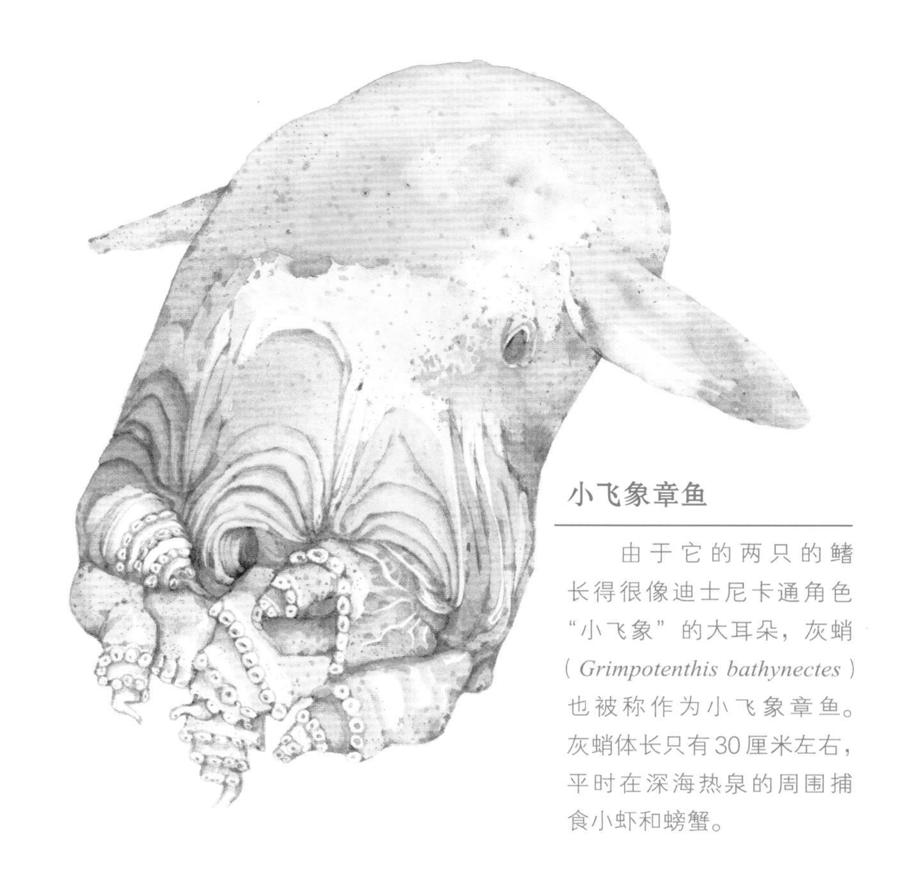

小飞象章鱼

由于它的两只的鳍长得很像迪士尼卡通角色“小飞象”的大耳朵，灰蛸（*Grimpotenthis bathynectes*）也被称作为小飞象章鱼。灰蛸体长只有30厘米左右，平时在深海热泉的周围捕食小虾和螃蟹。

巨型管虫

作为生活在海洋浅水区里的缨鳃虫和蚯蚓的远房亲戚，巨型管虫的体长可以超过两米，并且只有在深海热泉才能大量生存。它们的体内有数亿只细菌与之共存，不断地进行化学反应来为它们提供营养。巨型管虫末端的红色部分是它们的鳃部。

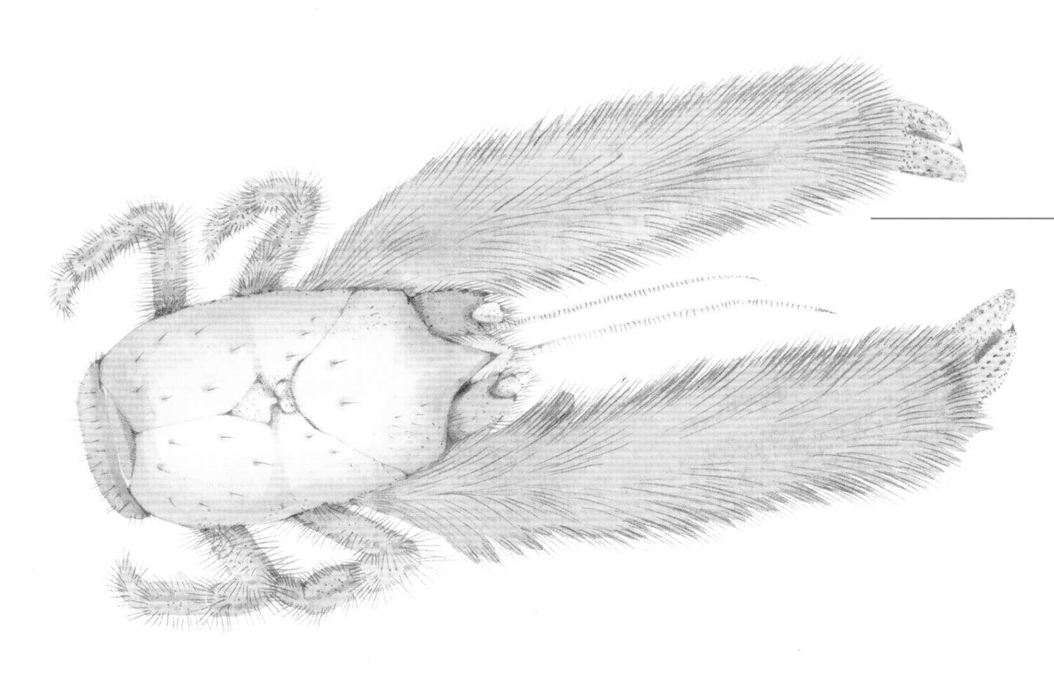

雪人蟹

基瓦多毛蟹的螯肢上盖着一层厚厚的刚毛，所以也被称为“雪人蟹”。这些刚毛上培养着或许可以分解深海热泉排出的有毒物质的菌群。2005年人类首次发现雪人蟹，它身长约15厘米。雪人蟹的存在至今是个谜：我们对它的生物学特点几乎一无所知。同样，我们对其他生活在这个神秘的生态环境中的生物了解得更是少之又少。

冰面的生活：水与冰的世界

在冬季，北极圈的海里会形成巨大的冰块，漂浮在海面上，形成一片被海水隔绝的白色冰原，被人称作为海冰。在夏季的几个月里，在水流的推动下，这些浮冰会漂移、碰撞、结合和分离，创造了一个不断变化的冰上生态环境。

北极熊的水性很好，有着一层厚厚的脂肪保护。它的皮毛是白色的，但下面的肌肤是深色的，非常适合吸收北极微弱的阳光。

北极熊

在北极，没有比巨大的北极熊（*Ursus maritimus*）更可怕的动物了。它重达600千克，食欲旺盛，平时捕食海豹和落单的海象，甚至可以对浮出冰面来换气的小型鲸类产生威胁。对于熊类来说，在食物丰厚的季节里积累脂肪很重要，否则它们将无法在冬眠中度过漫长的冬天。

海象

海象（*Odobenus rosmarus*）拥有一个巨大的身体和两颗近一米长的奇特獠牙。它们无疑是鳍足类海洋哺乳动物中最奇特的一种。与它们同为鳍足类的还有著名的海豹和海狮。由于皮肤下有一层 10 厘米厚的脂肪层，它们可以在冰冷的北极海水中生存。

独角鲸

怪异的独角鲸（*Monodon monoceros*）是一种生活在北冰洋里的鲸类动物，头上有一根长长的骨质凸起，长达 2 米多，可能正是它推动了传说中的独角兽的诞生。但是这个凸起并不是它的角，而是一颗位置异常的牙齿，从头部的正面向外伸出。

海象的獠牙是两颗巨大的犬齿，可以在冰上打洞，也可用于抓住冰面或用于爬出水面。此外，雄性也会利用自己的长牙去吸引配偶，或是用来和情敌争夺配偶。

走在世界的屋脊上：喜马拉雅的山峰

世界上所有最高的山峰，包括海拔 8848.86 米的珠穆朗玛峰，都位于亚洲腹地的喜马拉雅山脉。在起伏的陡坡上，在海拔 5000 多米的高原上，生命想尽了各种方法，尝试在气候寒冷、氧气稀薄的高海拔地区生存。

一只“高高在上”的蜘蛛

即使是小动物，在这些山峰中也能找到它们的代表。珠穆朗玛跳蛛（*Euophrys omnisuperstes*）的一生都在海拔 6000 多米的环境里度过。它以随风而行的小型昆虫和飞虫为食。只有在有太阳的日子里，等到山上的岩石变暖后，它才能在上面快速移动并活跃起来。

雪豹（*Panthera uncia*）是无人能敌的“雪山之王”，是现存最稀有、最迷人的猫科动物之一。雪豹通常以捕食喜马拉雅塔尔羊等山羊为生，其狩猎时的矫健身姿和在岩石间灵活跳跃的景象实在是令人叹为观止。它尾巴上的毛浓密油亮，除了可以在跳跃和上下山时保持平衡以外，还在雪豹休息时充当围巾，可以在暴雪天气中起到御寒作用。

喜马拉雅塔尔羊

与阿尔卑斯山的山羊相似，喜马拉雅塔尔羊（*Hemitragus jemlahicus*）可以像杂技演员一样，在几乎垂直的岩石斜坡上移动。这都是因为它那坚硬的蹄子可以牢牢卡在山岩之间小裂缝里。它以山边生长的小草和灌木植物为食，一生都在高海拔地区度过，并长着厚厚的皮毛。

雪豹

动物的大迁徙：海洋动物

虽然海洋在我们的印象中是一个比较稳定的环境，但是它还是会经历一些季节性的变化，导致许多的海洋动物必须定期迁徙到远处，寻找一个食物更丰富、生活条件更好或者可以找到同类的环境。大型座头鲸在迁徙时每月可以行进 1500 千米，从赤道出发经过南北两极，因为在夏季鲸鱼更容易在两极找到更多的小虾吃。但是许多其他较小的动物，例如海洋浮游无脊椎动物和许多鱼类，每天都在海面和海床之间不断地垂直进行迁徙。

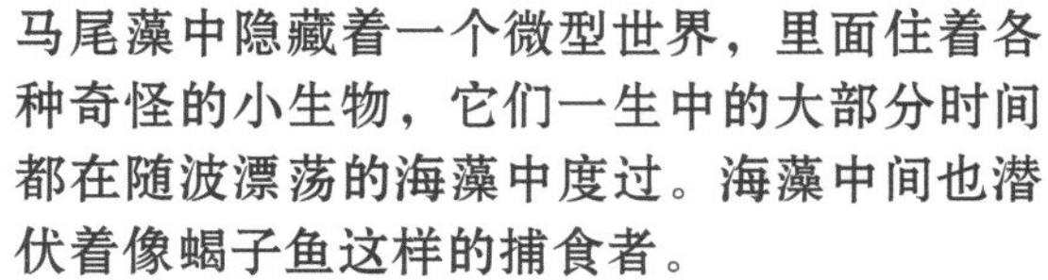

马尾藻中隐藏着一个微型世界，里面住着各种奇怪的小生物，它们一生中的大部分时间都在随波漂荡的海藻中度过。海藻中间也潜伏着像蝎子鱼这样的捕食者。

红海龟（*Caretta caretta*）出生于美国东海岸，它们常常会跟随洋流迁徙到马尾藻海。那里的特殊藻类会漂浮在海面上，形成一种独特的水上"大草原"。红海龟会在这里觅食成长，并在数年后重新开始在海流中游荡。只有在海中航行了数万千米，并且过了25~30年后，它们才会回到自己出生的海岸。

红大马哈鱼出生在北美西海岸的河流中，但仅仅几个月大时它们便会顺流而下，到海洋里生活。几年后它们成熟，会逆水而上，回到原先的出生地点。路上它们必须克服千难万险：除了克服湍急的水流以外，还要提防和躲避想吃掉它们的熊和老鹰。在河流最高处的河水里，它们最后会找到一个平静而隐蔽的地方，在那里大量产卵，重复着这种生命的循环。

动物的大迁徙：陆生动物

陆生动物也会迁徙，其理由和海洋动物大同小异。在陆地上的几乎所有地方都能明显地感受到季节的变化：在两极和温带气候地区，冬季和夏季之间的差异非常大，而赤道周围的地区四季变化则没有那么明显。除此之外，有一些陆生动物为了寻找食物，不得不年年不断地四处迁徙。

圣诞岛红蟹

每年 10 月，东南亚地区位于印度尼西亚南部的圣诞岛上，数以百万计的圣诞岛红蟹（*Gecarcoidea natalis*）会离开自己平时生活的森林，一起穿越森林，最后抵达大海，并在一些隐蔽的海港里产卵。这是因为这些螃蟹的幼虫是海洋生物，必须在海洋中度过数周才能发育成熟，然后在成长为小螃蟹后返回陆地生活。

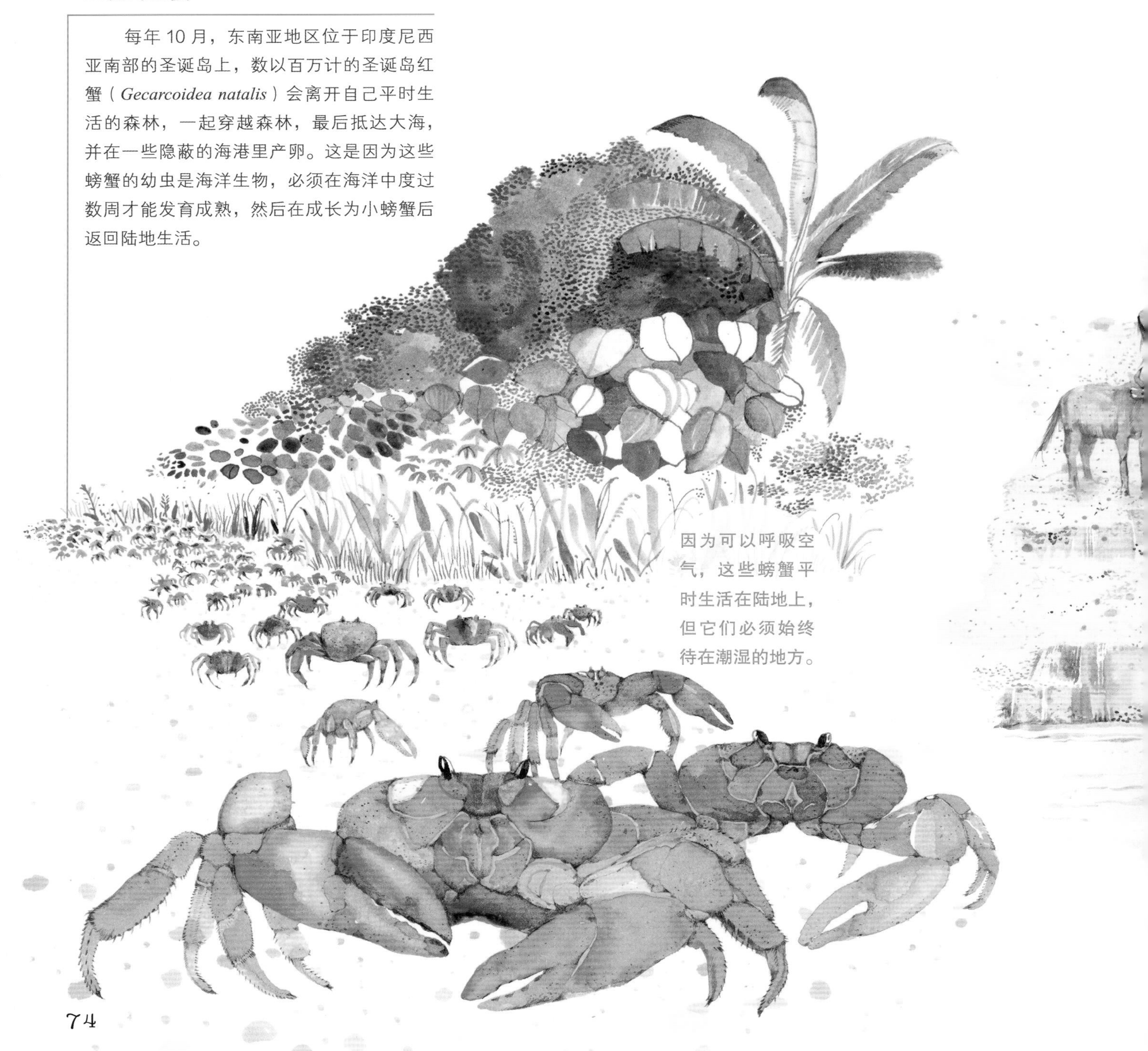

因为可以呼吸空气，这些螃蟹平时生活在陆地上，但它们必须始终待在潮湿的地方。

角马

为了能够在肯尼亚和坦桑尼亚地区之间找到最好的牧场，有名的非洲角马（*Connochaetes taurinus*）每年不断重复进行大迁徙，是世界上最壮观的自然奇观之一。每次迁徙都有大约 150 万只角马集体行动，紧随其后的还有狮子和鬣狗等大型食肉动物。尽管迁徙过程中死亡的个体很多，角马还是只能不断地迁徙，因为只有这样它们才能找到足够的食物来源。

角马在穿越河流时会被尼罗河里的大型鳄鱼所捕食。

动物的大迁徙：空中的动物

由于可以飞行，鸟类迁徙起来更加容易，但是它们每次迁徙所覆盖的距离却是人类难以想象的。每个物种都有其喜欢的迁徙路线，其中一些路线会在数周的时间里飞过 5000 千米的行程，并且在中途频繁地休息。因此，迁徙是一件非常费力的事情，但同时为了可以寻找食物、躲避寒冷、逃离旱季和繁殖，鸟类也必须不断迁徙。

在它的惊人的长途旅程中，燕鸥喜欢沿着海岸飞行，这样它可以经常在岸上停下来休息。

北极燕鸥（*Sterna paradisaea*）是鸟类中的马拉松冠军：它每年都要前往北极繁殖后代，并且定期去南非和南极地区过冬，每次行程都会覆盖大约 30000 千米的距离。它的一生都在跨越海洋的飞行中度过，只有在繁殖后代的时候才会稍停片刻：没有人有着和它一样的超强耐力。

君主斑蝶的橙色和黑色提醒捕食者这些昆虫有毒，捕食它们不是一个好主意。

君主斑蝶

飞行的昆虫也会不断迁徙：君主斑蝶（*Danaus plexippus*）在墨西哥北部的森林中过冬，然后在几代接力后到达美国北部。它们根据温度的变化和毛毛虫生长所需的大戟属植物的发育情况决定迁移的时机，然后借助风力的推动迅速返回过冬的森林。

陆地上的巨人：非洲草原象

虽然以前陆地上曾出现过更大的生物，但是如今陆地上重量级冠军的宝座非非洲草原象（*Loxodonta africana*）莫属了。非洲草原象的雄性体重可达6吨，肩高可达4米，而雌性则比雄性小约三分之一。它们庞大的体积让它们每天可以吞下最多300千克的植物，包括树皮、树叶、水果、块茎和树根。

一头小象需要经历22个月的妊娠（动物界最长的妊娠期）才能出生，大约要15年后才能成年。小象出生时已经比一个成年男人要重上许多（100~120千克），并且在最初的2年里，象宝宝必须总是和象群走在一起。

为了了解非洲的大象数量，在非洲一些研究机构会安排专门的小飞机在非洲大草原上空盘旋并且人工计数，比如大象标准化航空调查（Great Elephant Census）。据统计，非洲大约有350000头大象，这听起来可能很多，但一个世纪前，这个数量可能是现在的10倍。在过去的10年里，贩卖象牙的偷猎者捕杀了非洲大象总量的三分之一。他们在整个非洲寻找珍贵的象牙，然后将它们出口到国外，在各种犯罪组织的帮助下将其运送到亚洲等地。

对大象空中调查时的小飞机

大象善于长途跋涉，每天为了寻找食物和水源可以行走数十千米，尤其是在干旱的季节。在长途移动的时候，一头有经验的成年母象（它是象群的“女族长”，通常走在右边的最前面）会把队伍排成一字，由她领头。

世上最大的无脊椎动物：巨型乌贼

在 2012 年前，还没有人的见到过巨型乌贼在水下百米深的栖息地里生活的样子。直到有一位日本科学家和他的团队成功地做到了这一点，在日本海域 600 米深的深处操纵一艘微型潜艇拍摄了一段壮观的视频。

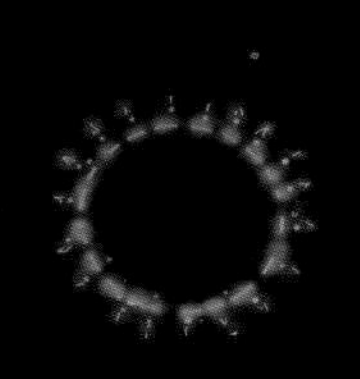

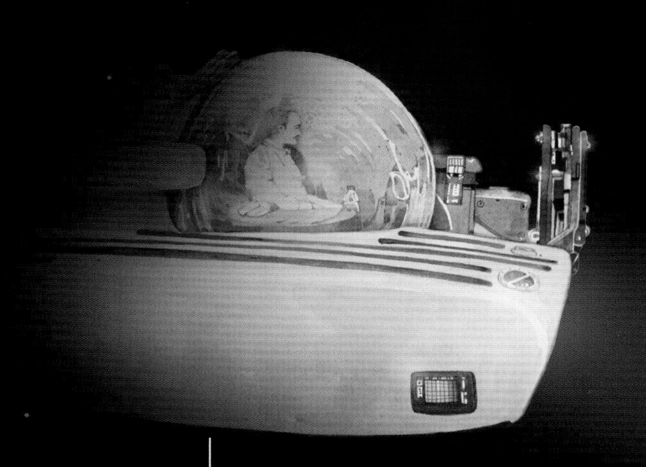

巨型乌贼的“喙”——长得像鹦鹉的喙，但足足有足球那么大。

为了拍摄巨型乌贼，科学家的团队用了一艘载有三人的微型潜艇。

触手

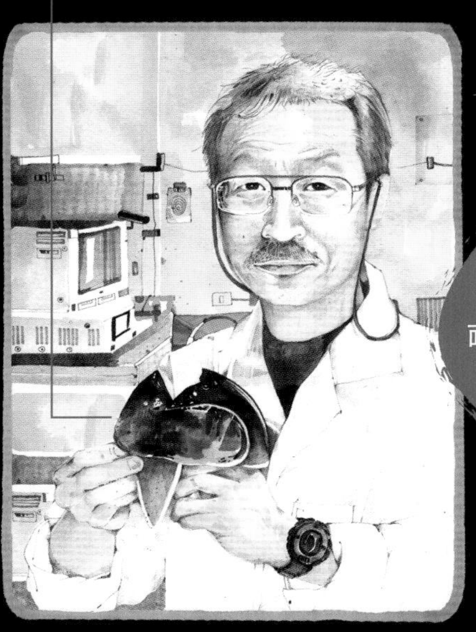

“我是日本海洋生物学家洼寺恒己，我一直对巨型乌贼情有独钟。2004 年，我设法用一台挂在电缆上的水下相机拍摄了到了一张巨型乌贼的照片，2012 年，我乘坐一艘迷你潜艇与它正面相遇。那是一场不可思议的经历，但我从未感到害怕。鱿鱼很平静，自顾自地在水里觅食，没有对我们发起攻击。关于这些动物，我们还有很多东西需要了解……”

巨型乌贼（*Architeuthis*，意思是乌贼之王）是世界上最大的无脊椎动物，包括触手在内身体长达 18 米。它以鱼类和其他鱿鱼为食，但几乎从不浮出水面，因此想要见到它非常困难。

据科学家称，神秘的南极“超大型乌贼”（*mesonychoteuthis*）可能在重量和体形上比巨型乌贼还要大。

微型潜艇——6 米

公共汽车——大约 9 米

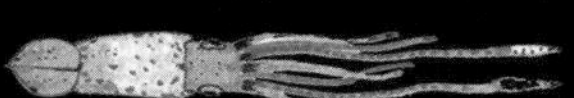

巨型乌贼——大约 18 米
（算上长长的触须）

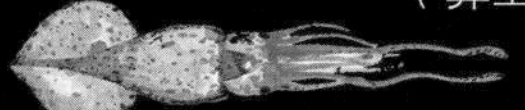

超大型乌贼——大约 15 米?
（我们还无从得知）

海洋中的巨人：蓝鲸

蓝鲸（*Balaenoptera musculus*）的体形之巨大，可以说是前无古人后无来者。它们身长 33 米，体重约 150 吨，除了要当心不要与大型船只撞击和误食塑料之外，蓝鲸可以说是天不怕地不怕。鲸鱼之所以可以长得如此巨大，是因为它们生活在水中，水的浮力会帮助分担它们体重的压力，所以尽管它们体形非凡，还是可以敏捷迅速地在大海里游泳。

“研究观察鲸鱼的时候，区分每只不同的鲸鱼是一件重要的事情。研究员会乘坐皮艇接近鲸群，等到它们探出水面换气时，他们就拿照相机拍下鲸鱼的尾部和背部的照片。这些部位的斑块、伤疤或者是任何不规则之处，都会被记载下来，变成这条鲸鱼的识别特征，就像我们的五官和指纹一样。”

——加拿大敏甘群岛鲸类动物研究所（MICS）的海洋生物学家

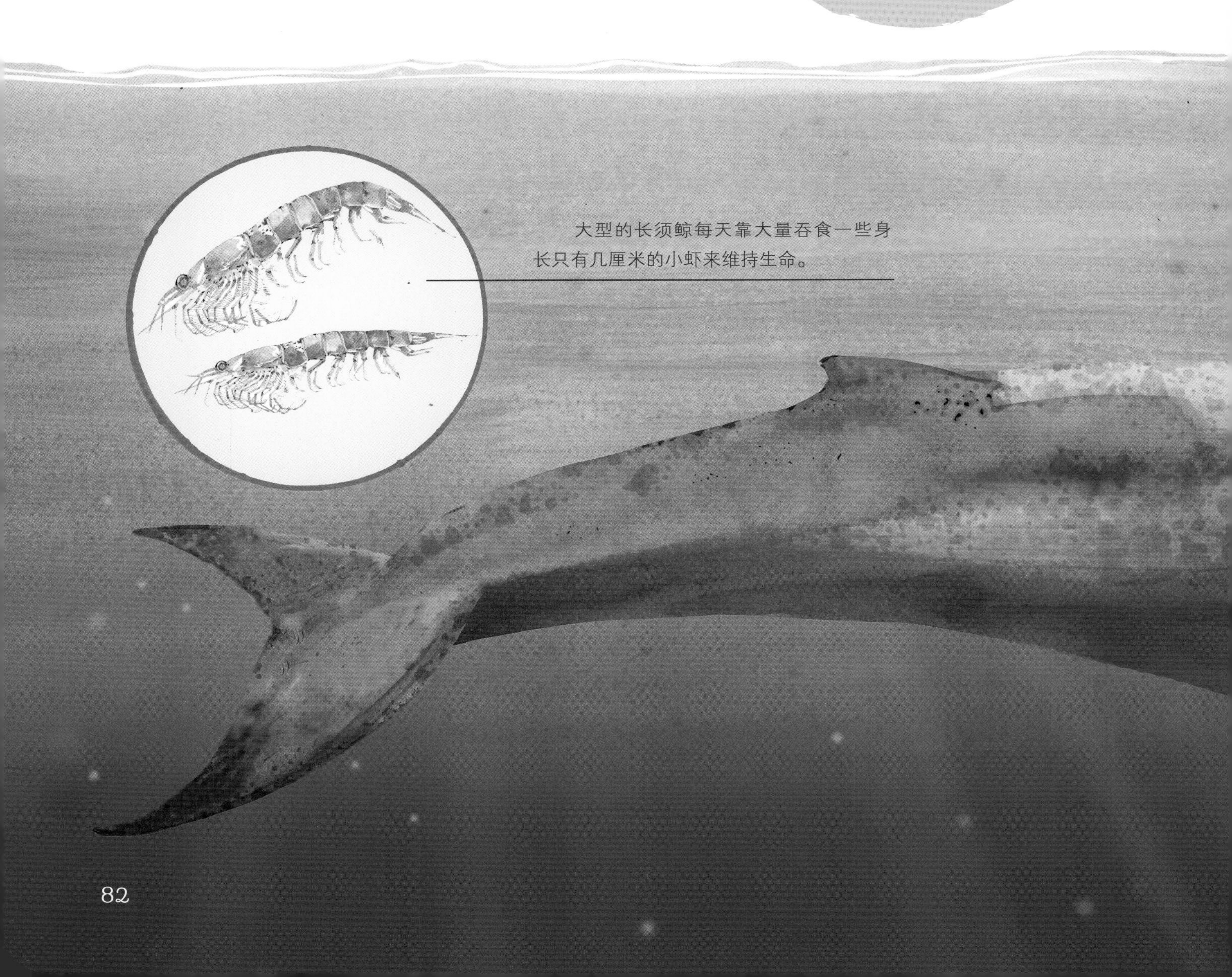

大型的长须鲸每天靠大量吞食一些身长只有几厘米的小虾来维持生命。

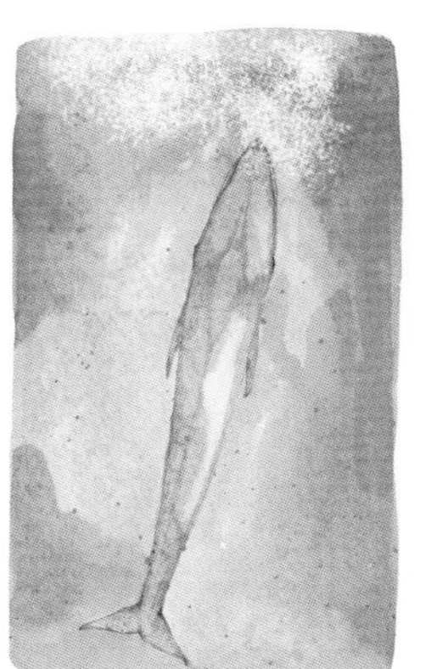
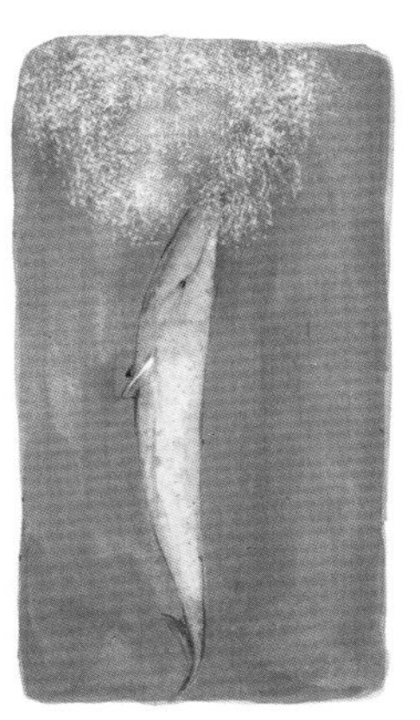
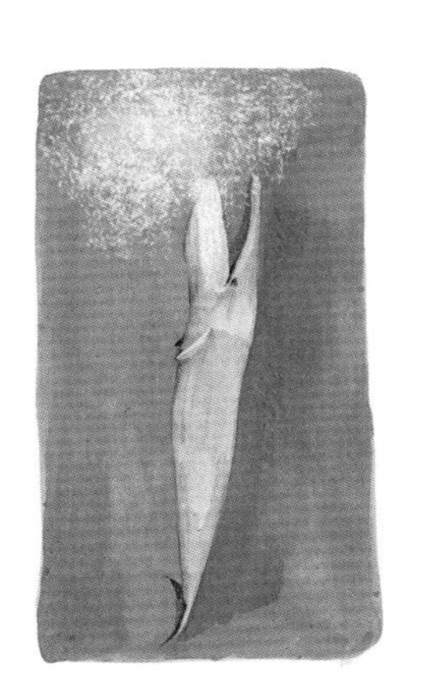

在捕捉成群的鱼虾时，鲸鱼会张开巨大的嘴巴，将猎物与大量的海水一同吞下。在这之后，鲸鱼会借助它那小汽车般大小的巨大舌头把海水排除去，而它们嘴里长约 70 厘米、形同刷子般鲸须，会把食物保留在鲸鱼的嘴中。

如果想去公海观赏鲸鱼，就得坐上像这样的皮艇，然后就能在几米内近距离观察这些海洋的巨人：那一定会是一次难忘的经历！

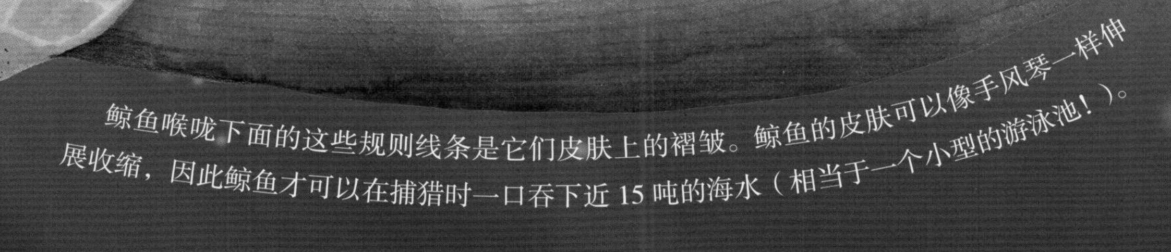

鲸鱼喉咙下面的这些规则线条是它们皮肤上的褶皱。鲸鱼的皮肤可以像手风琴一样伸展收缩，因此鲸鱼才可以在捕猎时一口吞下近 15 吨的海水（相当于一个小型的游泳池！）。

传宗接代

繁衍后代可以说是所有生命的最终目的。但是若是想要保证孩子能够在严苛的环境里生存下去，做父母的就要加倍努力了。

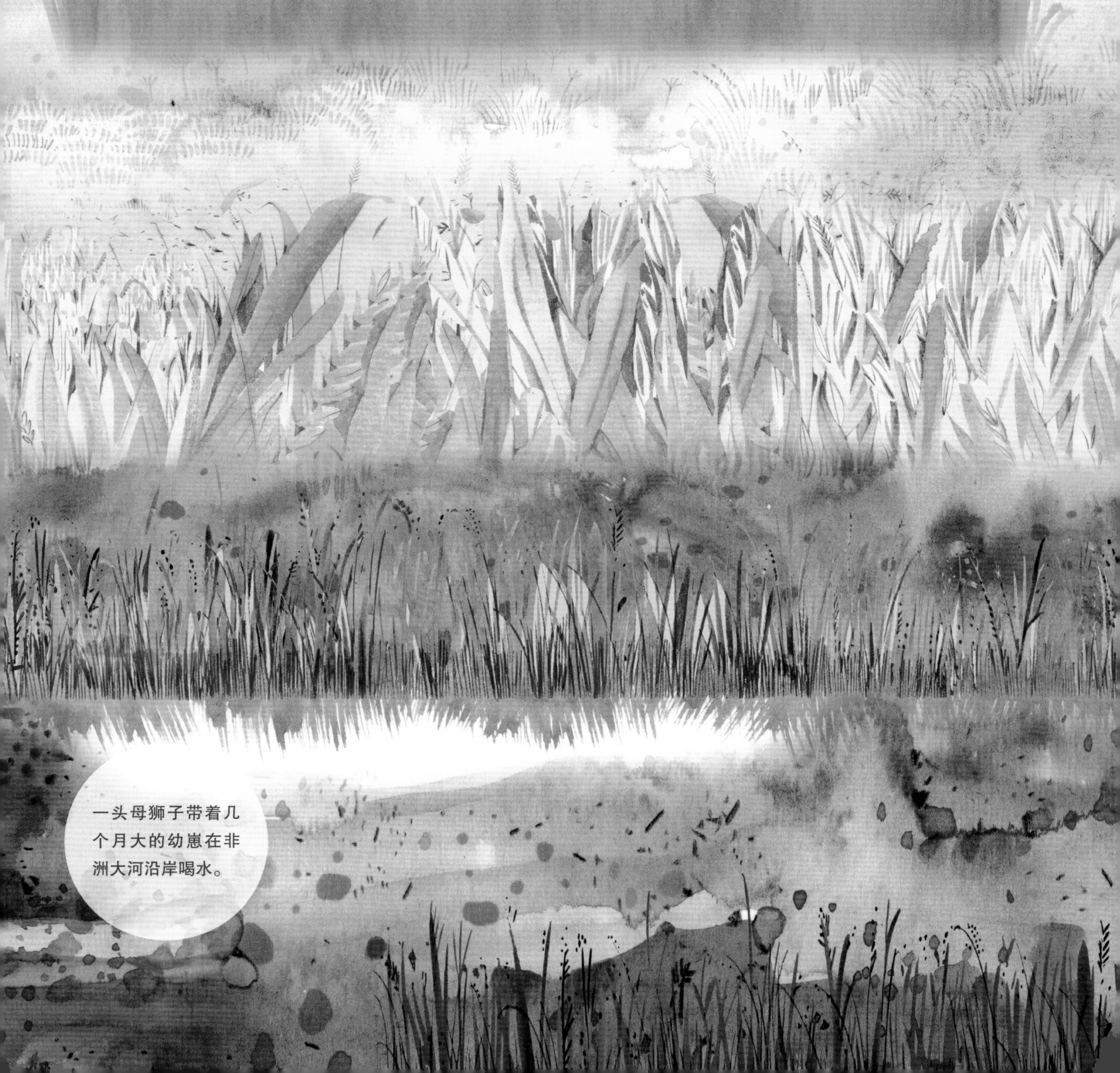

一头母狮子带着几个月大的幼崽在非洲大河沿岸喝水。

孔雀尾巴的秘密

动物的求爱方式和与人类并没有很大的不同。雄性动物为了被雌性选上会努力打扮和卖弄自己，或者是会和竞争对手大打出手来抢夺配偶权。雌性动物有时非常挑剔，但这不是没有理由的：她们将负责生产哺育下一代，因此希望可以为自己的孩子找到一个基因优良的父亲。角雉和孔雀是两个非常有趣的典例，它们之间只有最漂亮的雄性才会有组建家庭的机会。

孔雀开屏

蓝孔雀（*Pavo cristatus*）求爱时，所有的雄性会聚集在一起，然后展开尾巴上的羽毛开始向雌性献歌，来吸引它们的注意力。雌性孔雀非常挑剔，只会选择外表最华丽的雄性作为配偶，而且背后的逻辑也很简单：如果它的外表如此显眼还能生存至今的话，就说明它的身体素质肯定不会差，和它生孩子才是正确之举。

每到交配的季节，所有的雌性会被不到10% 的雄性所独占，而其他雄性则没有任何配偶可选。他们可以尽情地“显摆”自己，但是掌握最后选择权的还是只有雌性。

查尔斯·达尔文曾在一封写给朋友的信中写道："每当我看到孔雀的尾羽，无论我从哪个角度去思考，我都觉得难以释怀。"孔雀的尾巴笨拙、显眼又无用，感觉就像是专门为了反驳他提出的进化论而存在的。实际上，一个漂亮的尾巴在争夺配偶时带来的优势，远超过它在躲避天敌时碍手碍脚带来的劣势。

挺起胸膛

某些亚洲的雉鸡品种的雄性，比如红腹角雉（*Tragopan temminckii*）的雄性，会把自己打扮得非常漂亮：胸脯和下巴可以充气变大，头部裸露的皮肤呈明亮的蓝色，身上还有红色的斑纹作为点缀。这些都是为了可以更好地吸引雌性。相反，雌性角雉的颜色呈深褐色，更适合平时隐藏在森林里，但是在择偶时，它们却只愿意和体形最大、颜色最鲜艳的雄性来交配。

只有在异性或竞争对手在附近时，角雉才会鼓起自己的胸脯来显耀自己身上鲜艳的颜色

极乐世界的极乐鸟

在求偶示爱上，没有任何鸟类比雄性的极乐鸟更努力。为了给异性留下更深的印象，它们长出了五花八门的羽毛，身上的颜色绚丽多彩，还研发出了复杂精美的舞蹈：由于雌性极乐鸟的择偶条件非常非常高，因此只要可以打败情敌、赢得异性的青睐，雄性极乐鸟就会使出浑身解数，在所不辞。雌性极乐鸟的外表和雄性完全不同，平时专心负责筑巢、孵蛋和养育后代。它们的配偶都太忙于打扮自己，所以抽不出时间来帮它们做任何事情。

所有的天堂鸟品种（约有 40 种，每一种的翼展都不到 1 米）都生活位于在澳大利亚北部的巴布亚新几内亚岛的原始森林里，主要以水果为食。在这里，极乐鸟没有太多需要警惕和躲藏的天敌，因此进化过程让雄性天堂鸟的羽毛颜色越来越光彩夺目。相反，为了更好地在森林里躲藏起来，雌性天堂鸟的羽毛颜色就暗淡了许多。

红极乐鸟
Paradisaea rubra
绶带天堂鸟
Astrapia mayeri
小裙天堂鸟（雄性）
Ptiloris victoriae
威氏天堂鸟
Diphyllodes respublica
华美极乐鸟（雄性）
Lophorina superba
这个不可思议的曼妙舞姿就是雄性求偶时通过摆动翅膀上的羽毛展示得来的。
华美极乐鸟（雌性）
Lophorina superba

有家先有窝

在求偶的过程中，雄性不一定必须有美丽的外表才能吸引异性的注意力，有时证明自己有能力保护家庭就足够了。比如某些雄鸟会先建造自己的巢穴来吸引雌鸟和它在这个窝里繁衍后代（但是只有当雄鸟造的窝足够精致时，才会吸引雌鸟的注意力）。

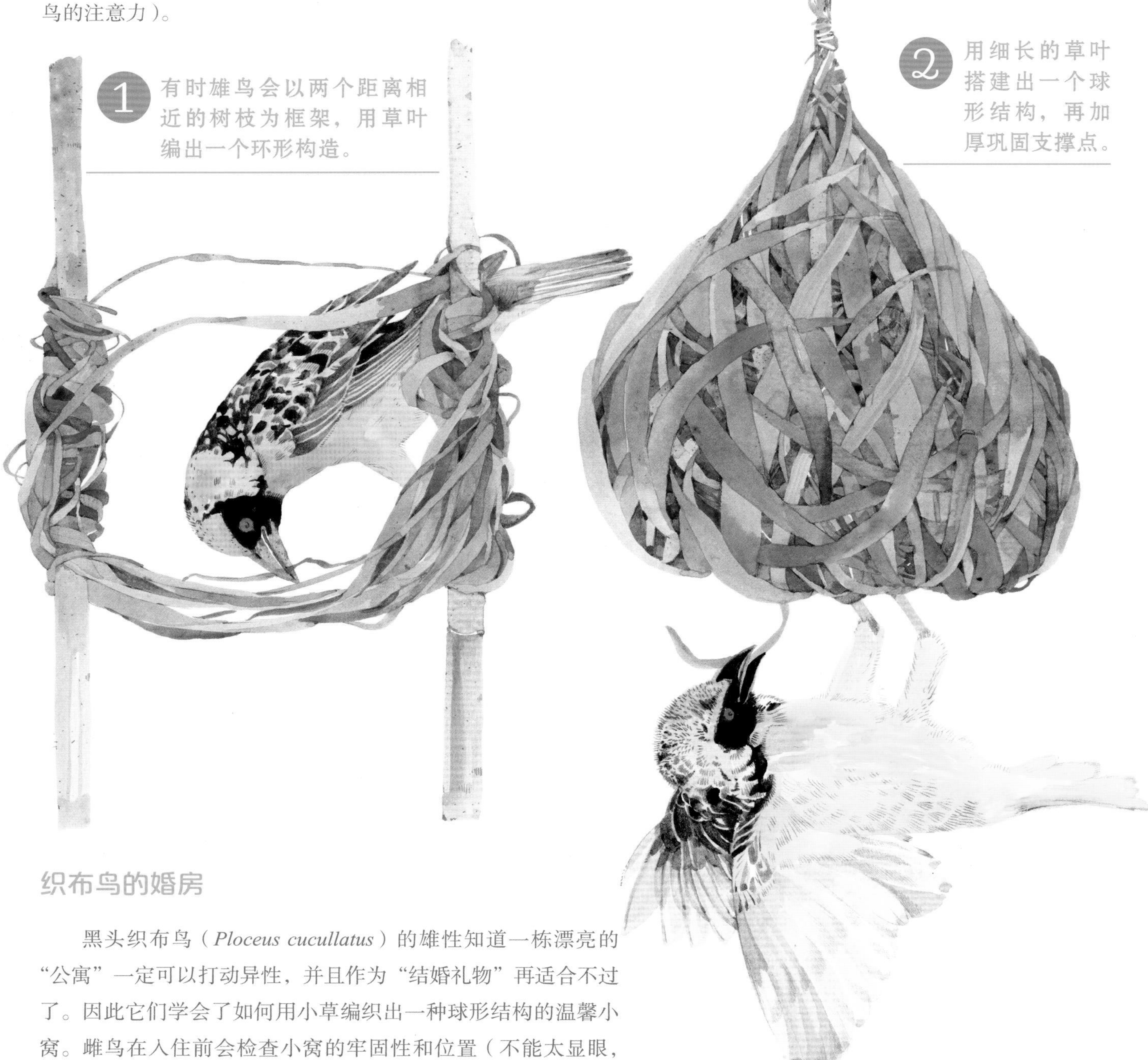

织布鸟的婚房

黑头织布鸟（*Ploceus cucullatus*）的雄性知道一栋漂亮的“公寓”一定可以打动异性，并且作为“结婚礼物”再适合不过了。因此它们学会了如何用小草编织出一种球形结构的温馨小窝。雌鸟在入住前会检查小窝的牢固性和位置（不能太显眼，也不能离地面太近），满意之后才会正式开始和雄鸟一起生活。

鸟类的装修大师

褐色园丁鸟（*Amblyornis inornata*）生活在的巴布亚新几内亚岛和澳大利亚北部。它们的雄性会在用木头造好巢穴后，收集颜色各异的果汁、昆虫、种子来让它更有“艺术感”。有些品种还会拾取一些人造的物件，例如蓝色的塑料瓶盖等。这些巢穴不是用来居住的，而是一种用来展示雄性作为建筑师和艺术家的能力的“艺术作品”，有点像孔雀华丽的尾巴一样。这些建筑是如此精致美丽，以至于第一批发现这些建筑的探险家误以为它们是本地土著居民所建造出来的。

决斗：一对一的战斗

有时为了争夺异性，雄性之间会发生正面冲突。如果一方明显强于另一方，败者就会马上退下阵来；但是如果双方实力差距没有那么悬殊，问题就开始大起来了……许多只存在于雄性身上的武器和身体解构（例如结实的犄角，修长的骨角，强力的下颚，长长的脚爪等）就是为了能够在这些决斗中脱颖而出。就像中世纪的骑士一般，两个实力差不多的个体会在专门的场地上决斗，并且严格遵守相应的决斗规则。决斗的赌注也很简单：谁赢了就可以获得与雌性的交配权。

天牛之间的战斗

在亚马孙雨林的一棵大树上，两只身长超过十厘米的雄性长臂天牛（*Acrocinus longimanus*）正在用自己长长的前肢进行战斗，视图把对方给推下去。长臂天牛的雌性个体有着正常大小的前爪，因为它们和雄性不一样，不需要和同类竞争。

鹿中之王

雄性驼鹿（*Alces alces*）的大角可以在宽度上达到 2 米，并且重达 25 千克。这些大角可以在决斗的时候使用，但是也可以用来抵御狼群等捕食者的侵袭。令人惊讶的是，每当交配季节结束时，雄鹿就会脱下它们的大角，然后等来年再重新长出来：为了保证自己的战斗力高于自己的竞争对手，雄鹿需要消耗大量的能量来长出更大更结实的大角。

跳蛛的精彩表演

无脊椎动物，包括蜘蛛和其他的小昆虫，也会为了吸引雌性而想尽办法。和许多鸟类的习惯一样，有些跳蛛会为异性献上一段美丽的舞蹈。雄性蜘蛛身上的颜色通常比雌性更加丰富，并且试图通过摆动前肢、扭动腹部和特定的舞步来让异性迷上自己。与其他蜘蛛不同，跳蛛的视力很好，还能辨识颜色，因此雄性才会用五颜六色的身体来向异性证明自己的价值。

平时躲藏在眼石和墙壁上狩猎的雌性

有着一眼就能轻松识别的红黑外表的雄性

如此不同，仿佛为不同的物种

在欧洲黑斑蝇狼蜘蛛（*Philaeus chrysops*）中，雌性的体形更大，但是颜色没有雄性的鲜艳，这是蜘蛛世界里的一种常见现象。雌蜘蛛要负责大量产卵，并且在孵化之前保护它们，而雄蜘蛛早在卵孵化之前就会离开。

像孔雀一样

在澳大利亚，我们可以遇见许多的孔雀跳蛛品种。每一个品种背上都有自己独特的花纹和配色。雄性蜘蛛大小刚刚有 5~6 毫米长，在发情期它们会接近雌性蜘蛛，然后抬起并展开腹部，同时摆动自己的前肢。每一个品种的蜘蛛舞蹈时的颜色、节奏、舞步都是独一无二的。雌性会仔细观察雄性的舞蹈，挑选最合适的配偶。

孔雀蜘蛛
Maratus volans

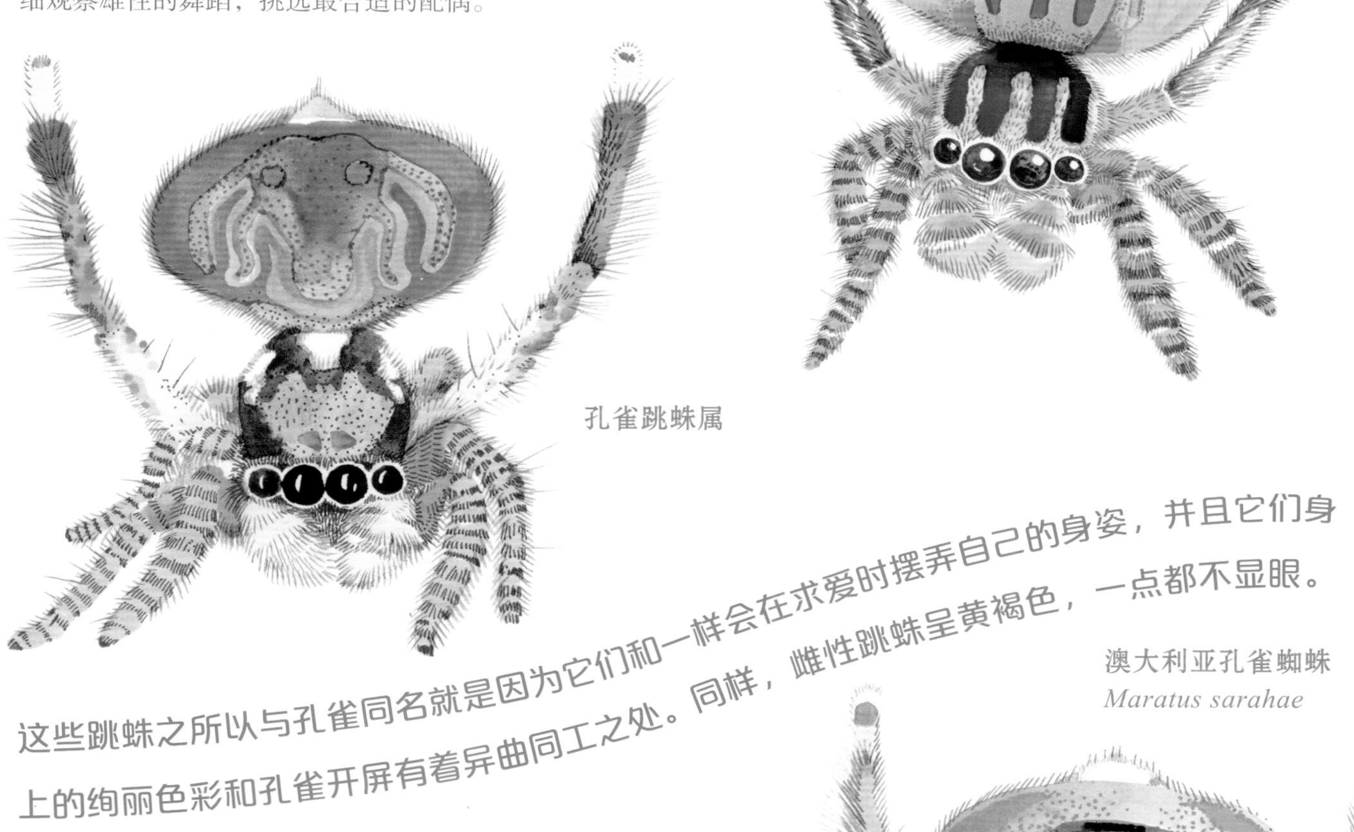

孔雀跳蛛属

这些跳蛛之所以与孔雀同名就是因为它们和一样会在求爱时摆弄自己的身姿，并且它们身上的绚丽色彩和孔雀开屏有着异曲同工之处。同样，雌性跳蛛呈黄褐色，一点都不显眼。

澳大利亚孔雀蜘蛛
Maratus sarahae

滨海孔雀跳蛛
Maratus speciosus

萤火虫的舞蹈

如果我们近距离观察这些意大利萤火虫（*Luciola italica*），我们会发现它们是一种体长约1厘米的小型飞甲虫，并且在腹部末端有一个微小的光点。它们的寿命只有几天，并且在成熟后甚至会失去进食的能力。那么萤火虫在夜间发光有什么作用呢？这是在空中飞行的雄性萤火虫用来吸引在地面上的雌性的一种方式。而雌性萤火虫会对发光能力最强的雄性发出信号回应，雄性在收到信号后就会在它们的身边着陆。

一只在着陆后继续发送信号的雄性萤火虫

蛋壳的发明

生命的最初时刻往往是最脆弱的。在卵壳保护的环境中，动物可以安全度过成长的第一阶段，当幼崽从蛋壳里钻出来的时候，就已经是父母的一个缩小版本了。在陆生脊椎动物的进化过程中，进化出带壳的卵（鱼类和两栖动物的卵不是坚硬的）确实是非常关键的一步，因为它让爬行动物的祖先脱离了对水生环境的依赖。在这之前，水生环境一直是动物繁殖和幼虫成长的重要环境（我们可以参考一下青蛙）。在接下来的几百万年里，在恐龙的全盛时期，鸟类也开始采用这种生育的方式。

奇异鸟
Apteryx australis

这种失去飞行能力的怪鸟产下的蛋，如果要是跟身体比例做对比的话，肯定是世界上最大的一枚：一枚蛋重约半千克，几乎是雌鸟的四分之一重，因此它一次只能产下一枚。

鹪鹩
Troglodytes troglodytes

这只重约 8 克的小鸟一次性可以产下 5 枚相当大的蛋，并且直到下蛋的那一刻还能继续飞行，非常不容易。

不同的物种根据它们的体形大小和生活方式会产下不同大小的蛋，没有一条准确的规定。

杜鹃
Cuculus canorus

由于它必须在每个巢中放置一枚“寄生”的蛋（见右面解释），并且不一定总是成功，因此杜鹃一次性会产下近 20 枚小蛋。

鸵鸟
Struthio camelus

鸵鸟蛋是所有现存鸟类中最大的：它重约 1.6 千克，相当于 30 个鸡蛋。这枚蛋看起来非常惊人，但是鸵鸟的体形也非常令人震撼，足足有 2.5 米高。

杜鹃的欺骗

就像其他鸟类一样，杜鹃也下蛋。只是这之后，杜鹃会在其他鸟类不知情的情况下，偷偷地将自己的蛋混入它们的巢穴里。这只“冒牌货”的蛋与其他巢里的蛋看起来几乎相同，但是它的孵化速度远比其他的蛋要快。小杜鹃比同窝的鸟更大、更强壮，并且为了独占养父母的注意，它们会把其他的蛋挤到地上去。这些养父母，出于哺育后代的本能，几乎从来不会识破骗局，并继续将其喂养大。杜鹃展翅翱翔时，可能已经比自己的养父母都要大上许多。

小杜鹃被芦苇莺（一种湿地鸟类）喂食。不仅仅是杜鹃，在世界不同地区都有不同的鸟类采用这种“育雏寄生”的方式繁衍后代。

小犀牛出生一个月后，脑袋上长角的位置就已经有一个鼓包了。在小犀牛的身体上，这个角会以每年5厘米的速度生长。但是目前来说，这个角还不足以让小犀牛保护自己，所以犀牛妈妈要时刻保持警惕。

成长，一条充满荆棘的道路

对于所有动物，尤其是哺乳动物而言，抚养孩子是一种长期的义务。寿命比较长的动物，产下的幼崽往往在最初的几年时间里需要家长的哺育、保护和“教育”。我们人类亦是如此。

犀牛妈妈：一份长期的任务

雌性白犀牛（*Ceratotherium simum*）在 6~8 岁时，经过 16 个月的漫长的妊娠期后，会生下它的幼崽，并且在它两岁前会一直与它如影相随。小犀牛出生时体重约四十千克，出生后的几个小时里就可以跟随妈妈到处行走了。在白犀牛的习惯中，幼崽往往会走在母亲的前面，以便母亲监督并保护它。同样在非洲生活的远亲——黑犀牛的习惯就完全相反，因为它平时经常在茂密的灌木丛中行动，所以无法预知前面会藏有什么样的危险。

少生还是多生

我们人类和其他的大型哺乳动物一样，有一个特别的繁殖策略，科学家称之为“K选择”。所有采取这种策略的动物的子代数量都很少，并且把大量的经历投入到照顾孩子身上。孩子的成长速度很慢，必须从家长身上学会如何生存，并且在成熟后才有自主生活的能力。这种策略的优点在于，在父母细致入微的照顾下，后代的死亡率是偏低的，可以保证父母的基因会继续传承下去。

大猩猩

Gorilla beringei

非洲，身高 1.8 米

这只小猩猩与需要和母亲一起生活 6 年，并且靠母乳喂养至少 2 年。在此期间，妈妈是不会允许它离开自己身边的。

疣鼻天鹅

Cygnus olor

欧洲和亚洲，翼展 2 米

在鸟类中，疣鼻天鹅对幼崽的保护欲很强，时刻都要把几周大的雏鸟背在身上。无论是爸爸还是妈妈都会出手保护孩子。

大部分动物会一次性产下很多后代，但是父母可以给予的照顾很少或者根本不会去照顾。新生的幼崽必须尽快或立刻学会自力更生照顾自己。科学家称这种策略为“r 选择”，尽管在这种选择下幼崽的成活率不高，但是更适合在短时间内开拓新的生长环境。

林蛙

Ranatemporaria

欧洲，12 厘米

许多两栖动物会在每个季节产下最后会孵化成蝌蚪的数百个卵。有些青蛙种类会保护它们的幼崽，但是这些青蛙的后代数量会少许多。（见下页）

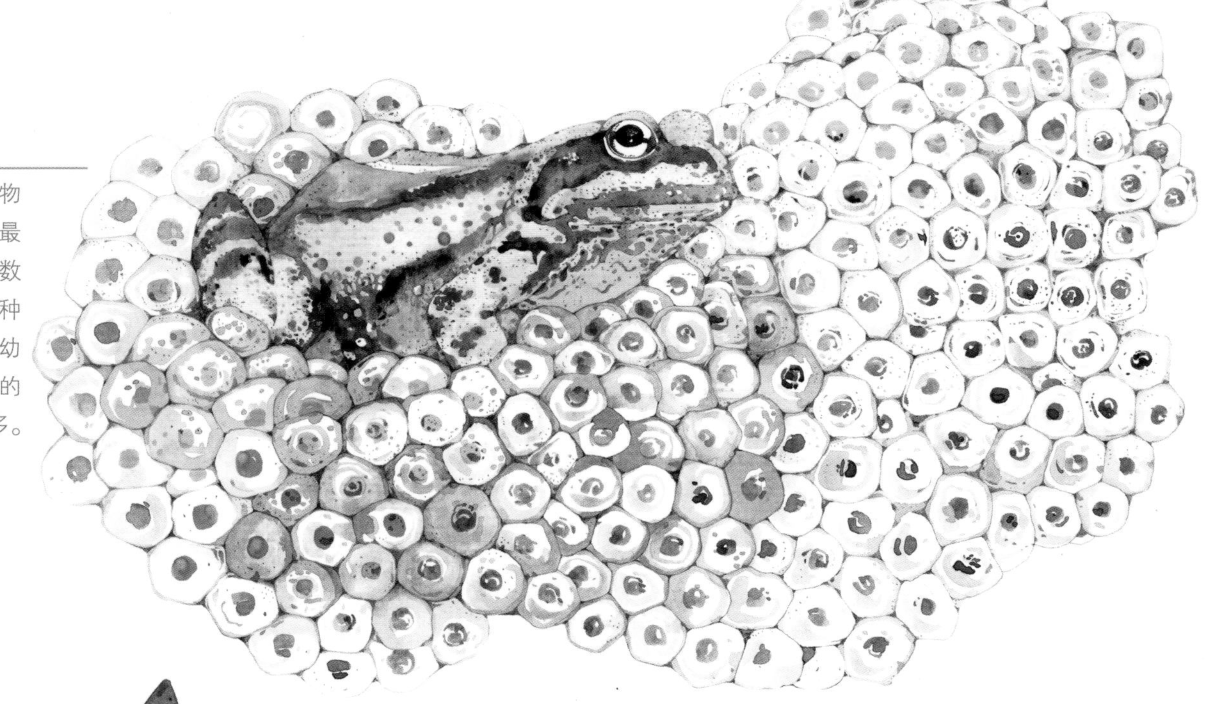

翻车鱼

Mola mola

遍布全球海洋，长 2 米

翻车鱼妈妈排出千万颗微型的卵

脊椎动物里没有比翻车鱼产卵更多的动物了：翻车鱼一天可以产 3 亿个卵，卵里会孵化出 2 毫米长的小鱼，而母亲不会给后代提供任何帮助。从它们诞生的那一刻起，妈妈就已经任由它们自生自灭了。

育幼袋：一座随身携带的房子

小袋鼠在刚生下来的时候，可以说是哺乳动物里最无助的。事实上，袋鼠胚胎只在妈妈体内发育 33 天后就出生了，眼睛看不见，耳朵听不见，身长只有短短的几厘米。但是袋鼠妈妈完全有能力抚养这样一个脆弱的孩子，因为它有一张绝对的王牌：育儿袋。这个长在袋鼠腹部的皮袋可以立即收容刚刚出生的小袋鼠，而且里面一应俱全：环境温暖、安全，小袋鼠还能随时吸到妈妈营养丰富的乳汁。

澳大利亚红袋鼠

Macropus rufus

大洋洲，包括尾巴 2.5 米长

在 3~4 个月后，成长的小袋鼠到大部分时间会把头从妈妈的肚子里伸出来“眺望”，就好像从自己的私人阳台上看风景一样。等到袋鼠 6 个月大时，它就可以离开育儿袋，经历第一次外出活动，探索周围的世界。但是小袋鼠还需要再等几个月的时间才能完全独立，离开母亲的身边。此时妈妈很有可能已经重新怀孕，正在等待新孩子的诞生。

袋鼠的育儿方式和其他有袋类（即拥有育儿袋的）哺乳动物一样，看似非常有效，但实际上一次性只能养育一个后代长大。出于这个原因，有胎盘的哺乳动物（也就是没有育儿袋，可以生下已经“成形”的幼崽的）在进化上取得了更大的成功。

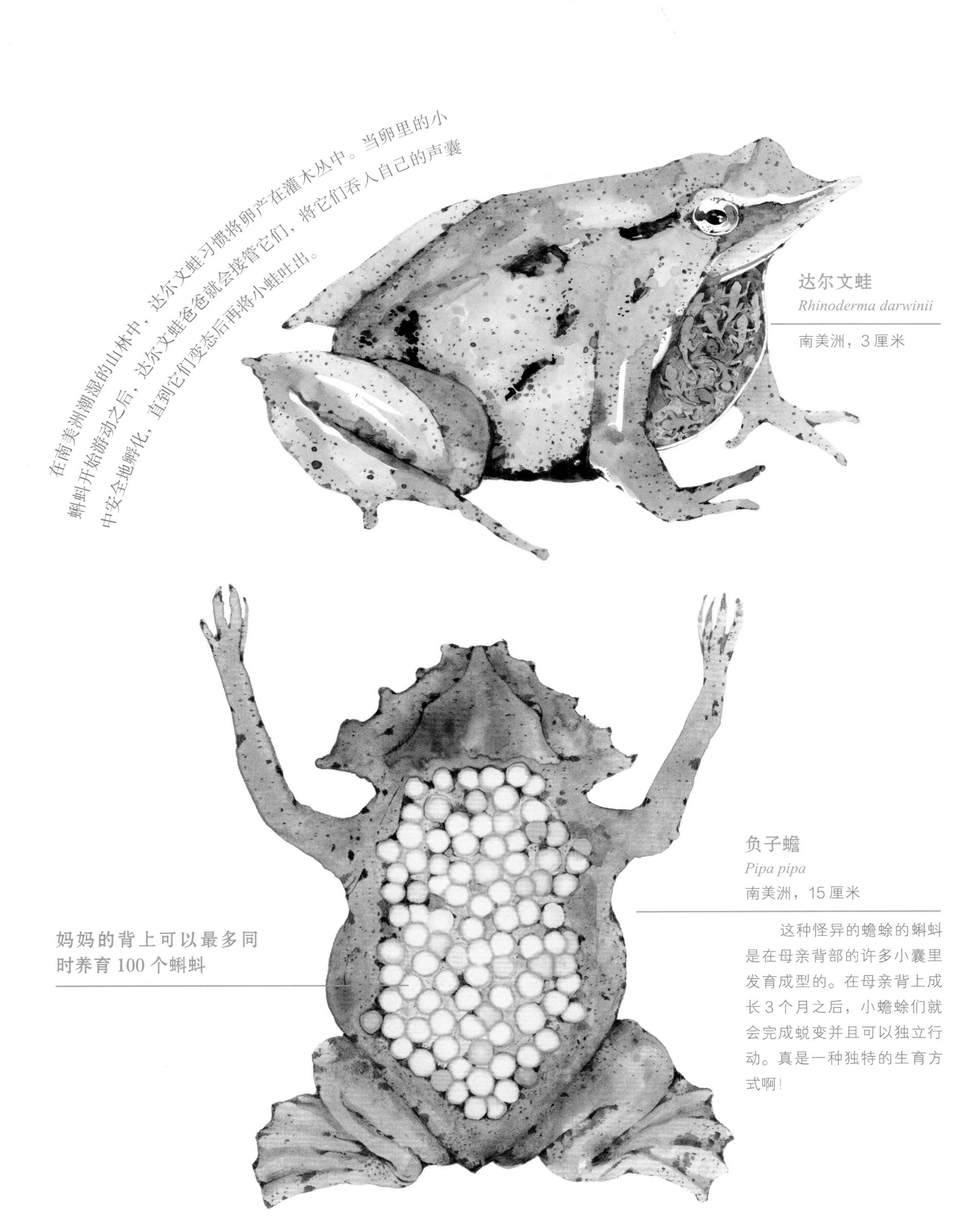

在南美洲潮湿的山林中，达尔文蛙习惯将卵产在灌木丛中。当卵里的小蝌蚪开始游动之后，达尔文蛙爸爸就会接管它们，将它们吞入自己的声囊中安全地孵化，直到它们变态后再将小蛙吐出。

达尔文蛙
Rhinoderma darwinii
南美洲，3 厘米

负子蟾
Pipa pipa
南美洲，15 厘米

这种怪异的蟾蜍的蝌蚪是在母亲背部的许多小囊里发育成型的。在母亲背上成长 3 个月之后，小蟾蜍们就会完成蜕变并且可以独立行动。真是一种独特的生育方式啊！

妈妈的背上可以最多同时养育 100 个蝌蚪

人多力量大

与其他海鸟一样，企鹅习惯群居生活。数以千计的企鹅形成的部落会集中在一片海岸上筑巢。在大多情况下，它们会选择一些远离陆生捕猎者的偏僻小岛作为筑巢的地点。无论如何，它们最好的防御手段，就是依靠它们那庞大的数量：只要有天敌出现，总有一只企鹅会发出警报。

大贼鸥

Stercorarius antarcticus

可以对企鹅的幼崽产生威胁。

在大西洋最南端的南乔治亚岛上生活的一群主企鹅（*Aptenodytes patagonicus*）。令人惊讶的是，在这么混乱嘈杂的环境里，每个小企鹅都能轻松听出父母的呼唤声，而父母也能马上找到自己的孩子。

保护幼崽

并不是只有哺乳动物和鸟类才是负责任的父母，有很多种鱼类、爬行动物、两栖动物、昆虫和蛛形纲动物都会对自己刚生下的孩子照顾有加。在自然选择和环境条件的推动下，这些动物进化出了不同于大部分同类的养育后代方式，每次都会产下中等数量的后代，并且还会保护和照顾它们度过幼年。

携刺异距蝎

Heterometrus spinifer

亚洲，16 厘米

携刺异距蝎妈妈会在幼崽出生将它们抱到自己身上。这几十只白色半透明状的幼崽会在刚出生后的几周里牢牢抓住自己的兄弟姐妹，在妈妈的保护下跟着她四处捕猎。

几十只刚出生的幼崽骑在妈妈背上

在爬行动物的世界里，没有比鳄鱼更慈爱的母亲了。鳄鱼蛋即将孵化时，妈妈就一直守在旁边，仔细聆听孩子的呼唤声，将它们从地下的巢穴里挖出来，必要时还会帮助它们从蛋壳里出来。此外，它会一次性把多个幼崽含在嘴里叼起来，然后将它们带到水中。水里的环境对幼崽来说相对比较安全，而且妈妈会在它们出生后的几周内守在它们的身边。

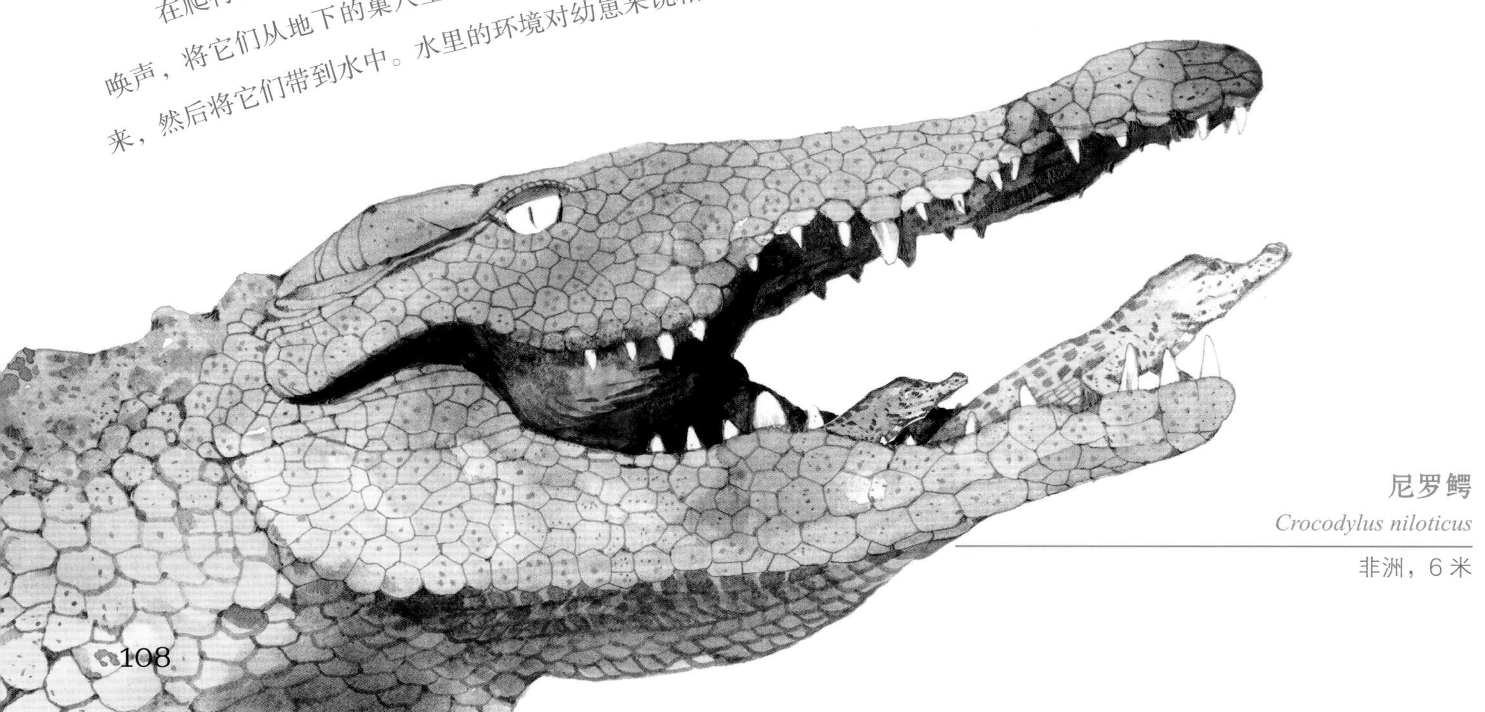

尼罗鳄

Crocodylus niloticus

非洲，6 米

慈鲷鱼

Haplochromis elegans

非洲，8 厘米

许多在非洲湖泊里生活的慈鲷鱼进化出了一种巧妙的保护幼崽方式：慈鲷母亲会把孩子藏在嘴里。当它靠近食物时，就会把孩子从嘴里放出来，让它们自由进食，但只要有任何的风吹草动，小鱼们就会迅速避难，快速地窜回妈妈的嘴里。

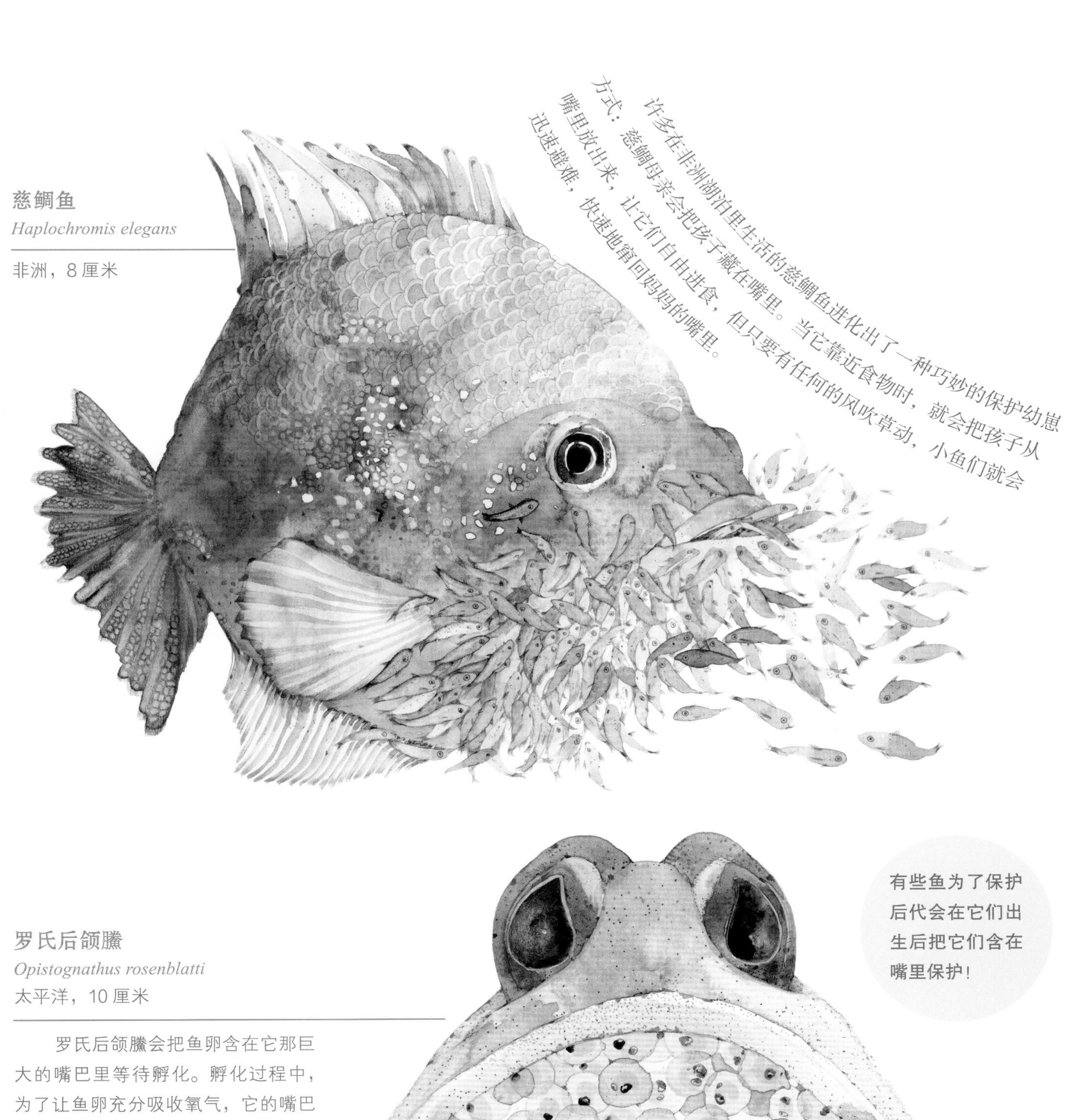

有些鱼为了保护后代会在它们出生后把它们含在嘴里保护！

罗氏后颌鰧

Opistognathus rosenblatti

太平洋，10 厘米

罗氏后颌鰧会把鱼卵含在它那巨大的嘴巴里等待孵化。孵化过程中，为了让鱼卵充分吸收氧气，它的嘴巴是不会合上的。直到小鱼孵化之前，鱼妈妈都无法进食。

一对金雕（*Aquila chrysaetos*）在意大利和法国之间的阿尔卑斯山地区巡视着自己的领地。

每个物种都有自己的归属地

进化的过程让植物和动物适应了某些特定的环境。无论是在一望无际的热带雨林里，还是在四面环海的小岛上，每一个生物都会在自己的生活的环境里扮演一个重要的角色。

需求带来变化

鸟类是天空中无可争议的主角。世界上大约有上万种鸟类，几乎每一种都是飞行高手。它们可挥动翅膀前行，除了没手以外，骨骼结构与人类的手臂非常相似。鸟的翅膀是生物工程学上的杰作，只要轻轻挥动就能让鸟自由飞翔，并且对飞行的方向操纵自如。哺乳动物中也有一种进化出了翅膀的物种：蝙蝠。和鸟类的翅膀相比，蝙蝠没有羽毛，取而代之的是铺在它手指之间的一层叫作“飞膜”的皮肤膜。张开翅膀时，我们可以看到蝙蝠的四根手指细长且向外延伸，但是骨骼结构上和鸟类的翅膀却很相似。科学家描述这种自然现象为“趋同进化”，即源自不同祖先的生物，在同样的需求的推动下（在我们的例子中是飞行）找到了相似的解决方案。

蜻蜓是蜂虎最喜欢的猎物之一，但它们也很擅长飞行，一般不容易捕捉。

非洲洋红蜂虎（*Merops nubicoides*）的翅膀短而宽，让它可以灵活地飞行，不会在捕捉蜻蜓时因为频繁在空中转弯而失去太多的速度。

兔唇蝠（*Noctilio leporinus*）是捕鱼的专家。在它飞过静止的水面时，会运用自己精密的生物声呐来探测出小鱼游泳时在水面上泛起的波澜。锁定猎物后，它会突然下降，控制好速度后，将爪子迅速伸进水里，将猎物牢牢抓住。

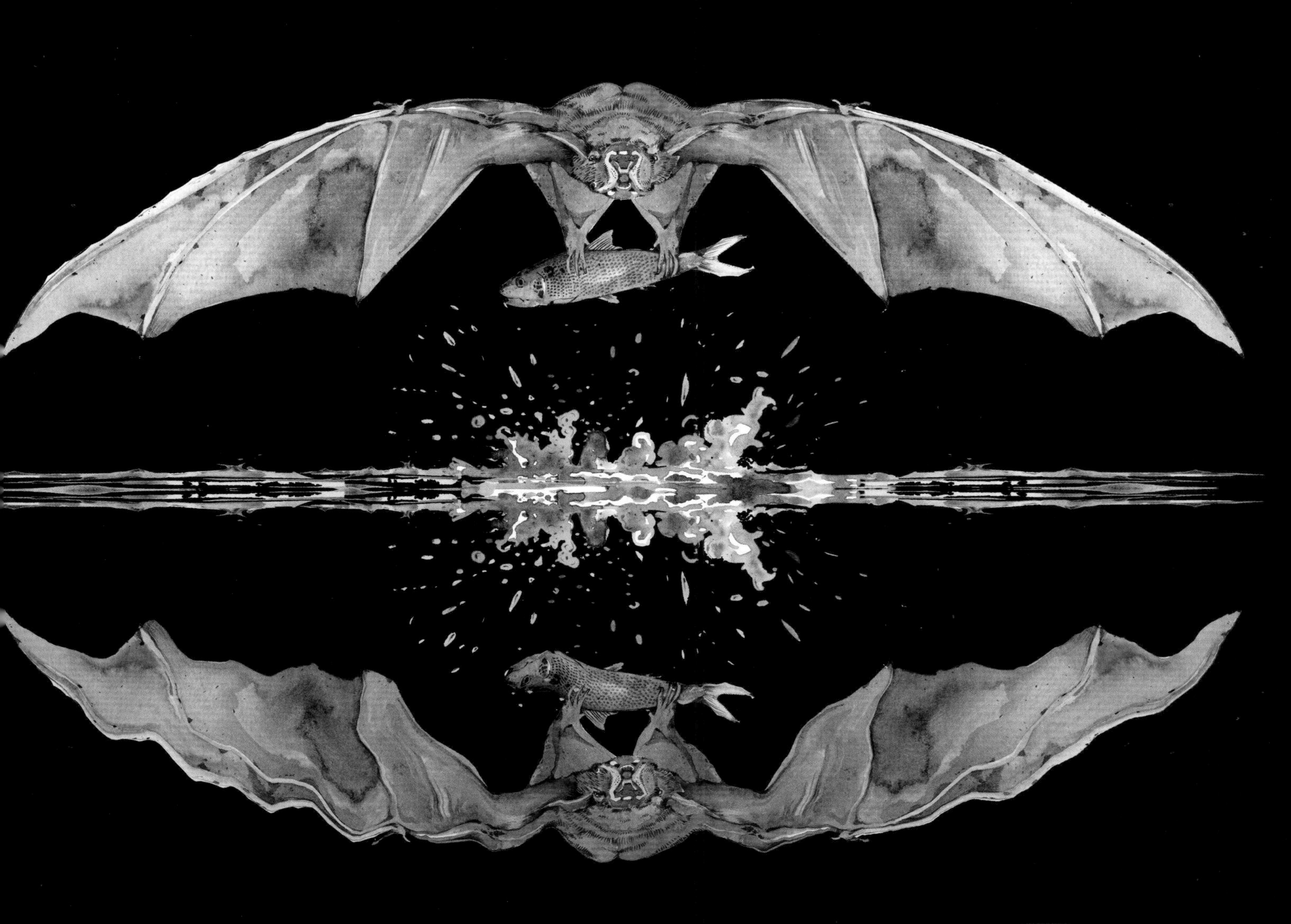

如果只是因为都有翅膀就认为蝙蝠和鸟有任何亲缘关系就大错特错了：两者的翅膀都只是因为有飞行的需求才进化出来的。

吃蚂蚁的专家

虽然平时不会太在意，但按数量计算的话，蚂蚁是世界上分布范围最广的昆虫，并且会固定在它们的巢穴中生活。不同的蚂蚁种类都有着自己的特点：有些蚂蚁体内含难以消化的化学物质，有的蚂蚁会像黄蜂一样蜇人，有的蚂蚁的叮咬会让人感觉疼痛难忍。白蚁和蚂蚁没有任何的亲缘关系，而且更加美味可口，但它们大部分时间都隐藏在地下，并且兵蚁通常都有着强壮的下颚或者会分泌化学成分。由于这些原因，很少会有动物想吃这些昆虫……想要以蚂蚁为食，自己就必须发展出一些对应方针，变成吃蚂蚁的“专家”。有一些没有亲缘关系的哺乳动物为了捕食蚂蚁，都进化出了一些相似的特征。这又是一个“趋同进化”现象的有趣范例。

想吃蚂蚁和白蚁需要准备什么

1. **挖土用的爪子。**
2. **又长又黏的舌头，可以一次性吃大量的蚂蚁。**
3. **对叮咬和蜇伤有耐性。**

大食蚁兽

Myrmecophaga tridactyla

南美洲，220 厘米

长长的头部好像一根长管，嘴里没有牙齿但舌头很长，短小粗壮四肢有着夸张的爪子，还有一根扫把一样的尾巴：南美洲的巨型食蚁兽可能是哺乳动物里长相最怪异的了，但是没有人能在吃蚂蚁的本领上与它竞争。

南非地穿山甲

Smutsia temminckii

非洲，140 厘米

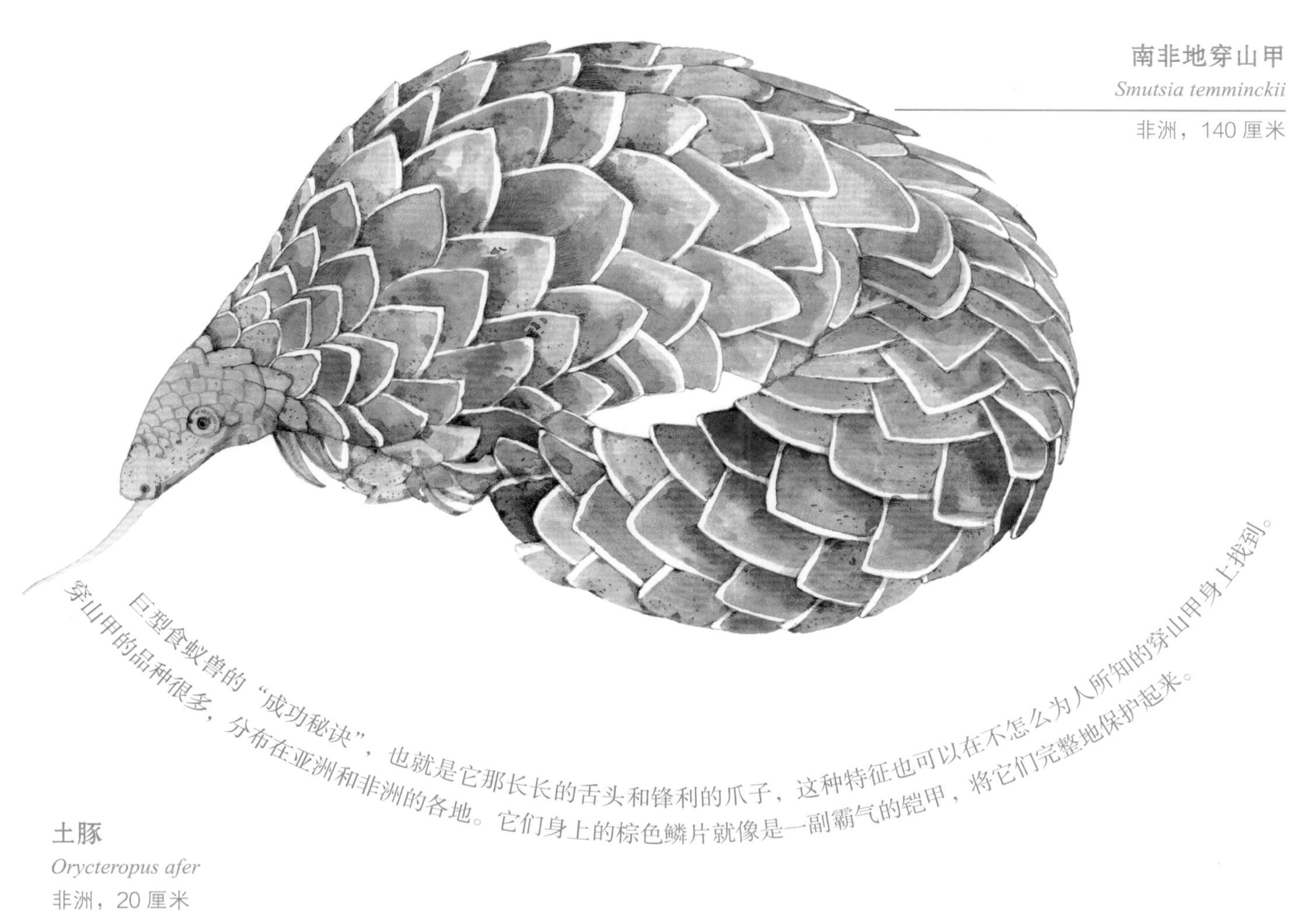

巨型食蚁兽的“成功秘诀”，也就是它那长长的舌头和锋利的爪子，这种特征也可以在不怎么为人所知的穿山甲身上找到。穿山甲的品种很多，分布在亚洲和非洲的各地。它们身上的棕色鳞片就像是一副霸气的铠甲，将它们完整地保护起来。

土豚

Orycteropus afer

非洲，20 厘米

同样作为一个长相奇特的哺乳动物，土豚乍一看和南美的食蚁兽有很多相似之处，但是实际上这两种动物没有任何关系。它也有着长长的利爪，细长的舌头，并且很擅长挖地，但是它嘴里长着牙齿，并且专门以白蚁为食。

动物界的奇特科技：声呐

声呐定位是动物为了可以在暗处找到方向而进化出来神奇技能。在互不影响的情况下，蝙蝠和鲸类都进化出这项技能。它的原理很简单：动物会发出声波，然后通过回声定位来确定障碍物的位置。在水里，海豚、虎鲸、抹香鲸等会借助“额隆”，一种头顶前方的脂肪组织，来按照自己的需求去控制和调整音波的长度。声波的反射信号会被颌骨接收，再由颌骨直接传到内耳。

亚马孙河豚

Inia geoffrensis

虽然听起来难以置信，但是在南美亚马孙河浑浊的河水里生活着一群粉色的海豚，在被水淹没的森林里穿梭自如。它们进化出的声呐定位能力是鲸类里最精确的，哪怕是在浑水里也能借助回声定位来避开障碍物和捕食小鱼。

长吻真海豚

Delphinus capensis

每年，成群结队的沙丁鱼都会在南非东海岸的海域里聚集，吸引着各种捕食者前来觅食。每年数以千计的海豚也会抵达这个水域，齐心协力地将鱼群赶到一起，然后再发起迅猛的攻击。在狩猎过程中，这些鲸类会使用声呐相互交流，并且在黑暗的水域中找到猎物的位置。

富饶的热带：亚马孙森林

热带森林占地球总面积的不到6%，但目前所描述的物种中约有50%生活在这里。为什么这么多动物和植物栖息在这些森林里？在赤道附近没有寒冷的冬天，阳光和雨水在一年四季都很充足，为生命的发展创造了理想的条件。因此，各色各样的植物和动物在这里蓬勃发展，填满了热带雨林的每一个角落：植物生长的空间越广，各种生物可以利用的庇护所和藏身地点就越多。

五彩金刚鹦鹉
Ara macao
它们成群结队地从一棵树飞到另一棵树，寻找果实和嫩苗。
褐喉树懒
Bradypus variegatus
世界上最奇怪的哺乳动物之一，整日挂在树枝上，很少移动，以树叶为食。
吼猴
Alouatta nigerrima
在森林的树冠上，成群结队的吼猴发出强而有力的叫声，宣布自己对领地的所有权。
长尾虎猫
Leopardus wiedii
外表像只缩小后的美洲豹，非常善于爬树，平时在树上狩猎。

海底的花园：红海

珊瑚礁相当于海洋里的热带森林。珊瑚群是由与微小藻类共生的小型珊瑚虫（水母的远房亲戚）建造的，每天都有数百种千奇百怪的鱼类在几米深的珊瑚群里游来游去。这些颜色鲜艳的小鱼在向这个拥挤的世界里的邻居传达某些信息：有些想要告诉大家自己正在寻偶，有些则在警告不要靠近自己，否则会有危险。

褐拟鳞鲀

Balistoides viridescens

为了保护自己的巢穴，它可以毫不犹豫地用强壮的牙齿攻击体形比它还大的鱼，甚至连潜水员也在劫难逃。

粒突箱鲀

Ostracion cubicus

虽然不擅长游泳，但是它有着一层坚硬的骨质护甲保护，并且可以释放出对其他鱼类有毒的物质。

黄色蝴蝶鱼

Chaetodon semilarvatus

有时它们会攻击海葵保护较少的部分，破坏小丑鱼的生长环境（见第58页）。

双棘甲尻鱼
Pygoplites diacanthus
以隐藏在珊瑚中的海绵和小型无脊椎动物为食。
阿拉伯刺盖鱼
Pomacanthus asfur
习惯在较大的珊瑚群中单独寻找无脊椎动物吃。
红海刺尾鱼
Acanthurus sohal
它吃生长在珊瑚礁阳光最充足部分的藻类，并且可以用利如刀片般锋利的有毒尾部来保护自己（这也是为什么它会被称为红海骑士！）

海上的小岛：进化的科学实验室

在偏远的岛屿上往往可以遇到一些令人瞠目结舌的植物和动物。它们与大陆上的植物和动物截然不同，但其实是它们的后代。如果出于机缘巧合，某个物种来到了一个全新的领土上，在迅速进化之后，会呈现出与它们祖先完全不同的形态和特征。这个被称为“奠基者效应”的现象在岛屿上更为明显：这些漂流到海洋中间的土地上的物种（也就是被风或水流卷过来的奠基者）的遗传基因很有可能与它们原始品种完全不同。如果类似的情况发生，并且这些新个体能够适应新的环境，就可以迅速地发展成一个新的物种。

科莫多巨蜥长达 3 米，是世界上体形最大、最有威慑力的蜥蜴。生活在一些东南亚印度尼西亚地区的小岛上，它以鹿、水牛和山羊等哺乳动物为食，它的牙齿带有的毒液虽然毒性微弱，但是会在几天的时间里慢慢杀死猎物。

科莫多巨蜥
Varanus komodoensis

鸭嘴兽

Ornithorhynchus anatinus

一种只能在澳大利亚主岛上找到的哺乳动物，生活方式和海狸相似，但它后腿上有毒刺，还长着一张鸭子的嘴巴。此外，它不像其他哺乳动物那样产下发育完全的幼崽，而是像鸟一样产卵！18 世纪末，当第一批鸭嘴兽的标本被带到欧洲时，当时的科学家还以为有人故意将不同动物的部位组装起来，做了一个“四不像”来和他们开玩笑呢！如今我们知道鸭嘴兽确实存在，并且属于一种古老的原始哺乳动物，只能在地球的这个区域里找到。

加拉帕戈斯群岛

加拉帕戈斯群岛散布在太平洋的南美洲厄瓜多尔沿岸海域，是世界上最著名的岛屿之一。这都是多亏了我们曾经介绍过的英国博物学家，现代进化论之父查尔斯·达尔文（Charles Darwin）。他于 1835 年乘坐探险船抵达这里。岛上特有的一些独一无二的动物，为达尔文在研究自然选择和性状遗传在物种进化中的作用时提供了很多的灵感。

查尔斯 · 达尔文
（1809—1882）

虽然感觉很不可思议，但是我在加拉帕戈斯群岛上观察到的弱翅鸬鹚是唯一一种没有飞行能力的鸬鹚。另一方面，它们潜水和游泳能力都很强……它们一定是适应了这种没有天敌的环境，所以认为逃跑和迁徙都不是必要的能力……

加拉帕戈斯群岛鵟
Buteo galapagoensis

一种以爬行动物和昆虫为食的本地猛禽。

加拉巴戈海鬣蜥
Amblyrhynchus cristatus

唯一一种为了啃食海底的藻类而学会潜水的鬣蜥。

英国海军比格帆船

除了加拉帕戈斯群岛，达尔文乘坐这艘船去过多个地点。

红石蟹
Grapsus grapsus

颜色非常鲜艳，以礁石上的藻类和小型无脊椎动物为食。

也门的索科特拉岛

索科特拉岛位于非洲和阿拉伯之间，是一片长约一百千米的狭长小岛，现属于也门，人烟稀少。在这个与世隔绝了约 600 万年的小岛上，来自非洲和亚洲的物种在漂洋过海后在此扎根。因为岛上环境条件特殊，而且没有竞争者，岛上的动植物都进化成了独一无二的模样。据估计，在索科特拉岛上的物种中几乎 80% 都是特有品种，有着属于自己的地方特色，和加拉帕戈斯群岛以及马达加斯加岛上的情况完全一致。

索科龙血树

Dracaena cinnabari

在岛上的中部高原地带，这些形状特异的树木错落生长在山坡上，形成了一道迷人的风景线。这种树受到损伤时，会流出像血浆一样浓稠鲜红的树汁，所以才会得名“龙血树”。

龙血树的树冠就像一把倒过来的雨伞一样，给树干遮阴的同时，还可以更好地在罕见的雨季中收集雨水。

白兀鹫

Neophron percnopterus

这种秃鹰平时非常罕见，但是在索科特拉岛上生活的白兀鹫数量占白兀鹫总数三分之一。

索科特拉扇趾虎

Haemodracon riebeckii

身长可达 40 厘米，它是岛上非人工引入的陆生动物中体形最大的一种。和其他在这座小岛上发现爬行动物中的 90% 的情况一样，这里是唯一可以找到这种壁虎的地方。

沙漠玫瑰

Adenium obesum

它的树干肥大粗壮，形如水桶，专门用来储存水分。在冬季结束时，从树冠末端会绽放出许多粉红色的花朵，吸引着为数不多的授粉昆虫前来传播花粉。

索科特拉蓝巴布

Monocentropus balfouri

这种大型蜘蛛平时躲在地洞里，只有天气凉爽潮湿时，它才会从洞里出来。

马达加斯加岛

在一亿多年前，马达加斯加岛曾和非洲、印度同属于一个面积巨大的超大陆。当大陆板块的移动把印度板块推向如今的亚洲方向时，马达加斯便从印度板块上分裂了下来，“停留”在东非海岸的附近。在接下来的数百万年里，当地的原生动植物得以在相对隔离的自然条件下演化，诞生了许多独特的物种。其中的代表就是狐猴，一种马达加斯加岛特有的灵长类动物。马达加斯加岛上的演化可以说是一次非同寻常的、不可重复的“实验”，让人类有机会近距离仔细研究进化的过程和机制。

亚龙木
Alluaudia procera

这种有刺植物稀稀疏疏散布在马达加斯加的南部。

马达加斯加是一座大岛，在不同的区域有着不同的气候和环境。图片里展示的是一片由一群耐热耐旱的有刺植物所形成的小树林。

巨人疣冠变色龙

Furcifer verrucosus

马达加斯加是变色龙的国度，岛上有 100 多种变色龙，栖息在沙漠、山顶等各种环境中。

钩嘴鵙

Vanga curvirostris

这种岛上特有的鸟类专门在有刺植物的森林里捕食昆虫。

红皮猴面包树

Adansonia rubrostipa

这种树“大腹便便”的外形可以更好地储存雨水，用来挺过漫长的旱季。马达加斯加岛上有 6 种本地特有的猴面包树品种，比世界其他地方的加起来都多。

维氏冕狐猴

Propithecus verreauxi

借助自己修长的后腿，这种狐猴一次可以跳跃 10 米远，轻松地从一棵树跳到另一棵树。在地面上时，它们会以直立姿势不断地上蹿下跳，看起来就像在跳舞一般。

桫椤属植物

Genere Cyathea ed altri

在新西兰，有许多桫椤属蕨类植物有着又长又粗的茎秆，因此可以不受控制地长到数米的高度。

鸮鹦鹉

Strigops habroptila

这种体形庞大的鹦鹉和奇异鸟一样，也不会飞。它主要在夜间行动，以草籽和水果为食。和其他的本地特色物种一样，以鸟蛋和雏鸟为食的野猫和老鼠的入侵给它们带来了毁灭性的打击。

新西兰

新西兰的两座岛屿位于澳大利亚东南部，面积与英国一样大，岛上多山，气候温和，常年降雨，到处都生长着茂密的森林。在大约1000年前第一批人类前来殖民之前，这里没有任何哺乳动物。可悲的是，虽然新西兰在今天是重点保护的对象，但在过去，人类的开发活动以及老鼠、猫类等外来物种的引进导致许多的当地物种已经灭绝。其中就有恐鸟，一种身高3米、没有飞行能力的食草鸟类，还有以它们为食的一种巨鹰。

奇异鸟

Apteryx australis

奇异鸟不会飞，浑身长满了毛发般的绒毛；不会在树上筑巢，而是在地下打洞生活；它们视力很差，但嗅觉却非常灵敏。奇异鸟身上几乎没有我们平时认识的鸟类的任何特征。

喙头蜥

Sphenodon punctatus

喙头蜥是一种长约半米的大型蜥蜴，如今只存在于新西兰周围的小岛上。它所属的喙头目是一个古老的爬行动物目，最早出现于2亿年前，而它是唯一一种存活至今的品种。

食肉植物：认为自己是动物的植物

与其他植物不同，这些植物已经进化到可以用巧妙的陷阱来捕捉并吞食一些小型无脊椎动物。它们之所以会进化出这样的能力，是因为它们生长在营养稀少的土壤上，因此它们必须从动物的身体中获取养分。它们生活在热带和温带潮湿的地方，几个世纪以来，一直吸引着科学家的注意。

维纳斯捕蝇草

Dionaea muscipula

北美，陷阱直径 5 厘米

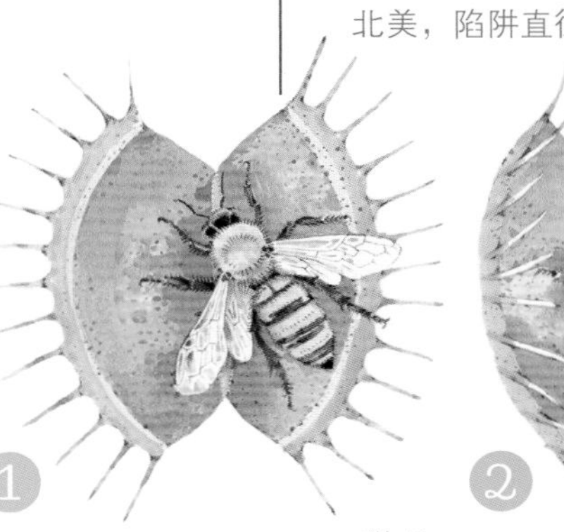

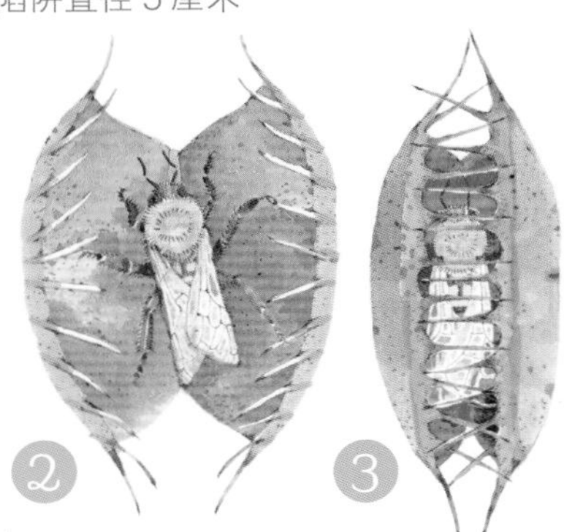

捕蝇草会在叶子上分泌出甜美的蜜汁来吸引猎物（1），当陷阱上的刚毛被昆虫触碰时，陷阱就会像夹子一样迅速合拢（2~3）。它们一般生长在湿润的沼泽土壤中，一株植物会有许多个陷阱（4）。

叉叶茅膏菜

Drosera binata

大洋洲，陷阱长度 10 厘米

这种植物的叶子上涂满了水滴状的黏液，可以把因为好奇而停靠在上面的昆虫牢牢粘住。如果昆虫试图挣扎逃离，只会让其他的腺毛把它粘得更牢，最后被一点一点地消化掉。

捕蝇草会数数！

为了避免扑空（例如当树叶或树枝碰到陷阱上的刚毛时），捕蝇草只有在 20 秒内至少有两根刚毛被触发时才会把陷阱合上。

白网纹瓶子草

Sarracenia leucophylla

北美，陷阱高约 40 厘米

昆虫在被瓶子草甜蜜的香气吸引到瓶口之后，会在光滑的内壁上打滑，落入瓶中的消化液里，最后慢慢被瓶子草消化。

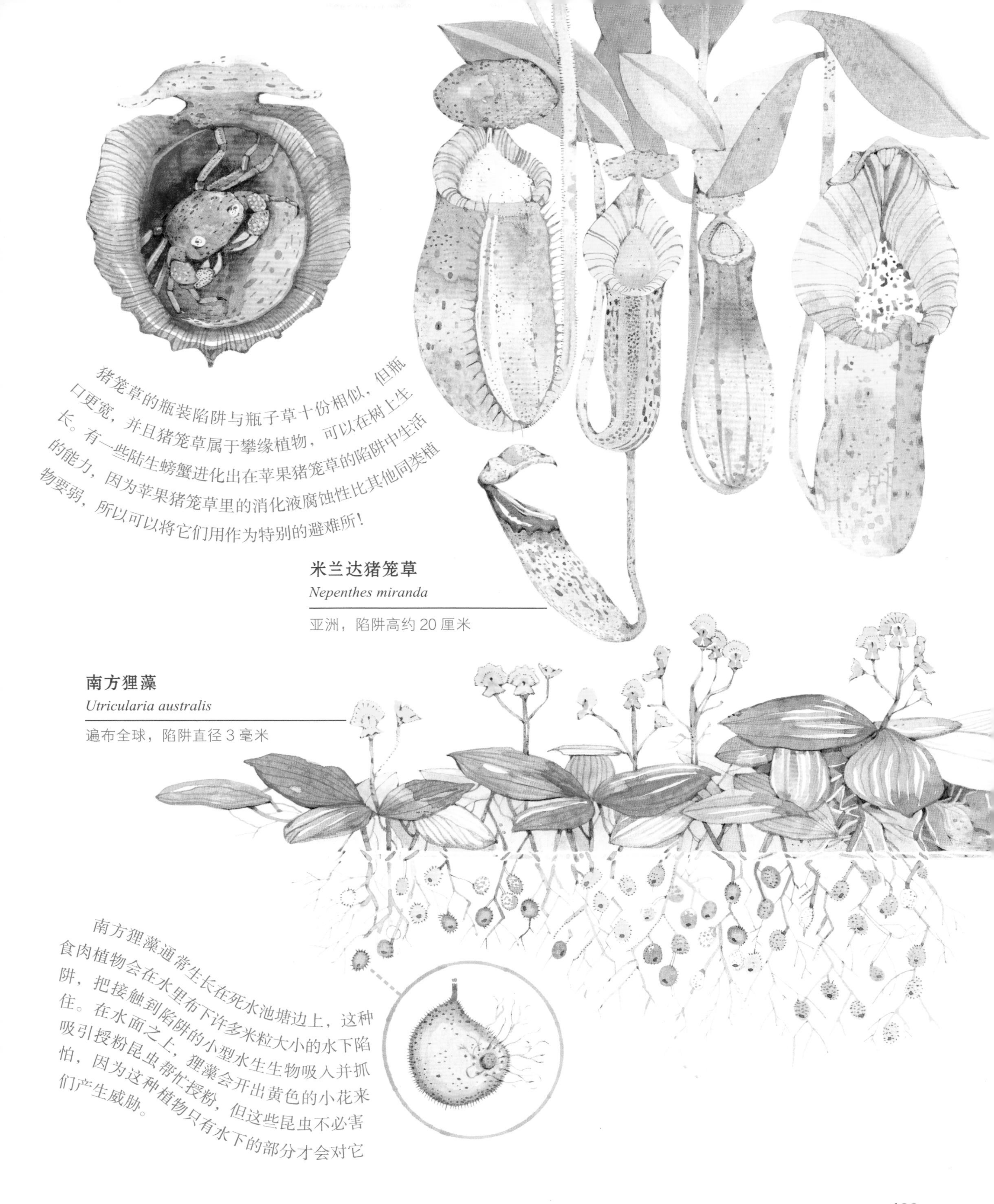

猪笼草的瓶装陷阱与瓶子草十份相似，但瓶口更宽，并且猪笼草属于攀缘植物，可以在树上生长。有一些陆生螃蟹进化出在苹果猪笼草的陷阱中生活的能力，因为苹果猪笼草里的消化液腐蚀性比其他同类植物要弱，所以可以将它们用作为特别的避难所！

米兰达猪笼草

Nepenthes miranda

亚洲，陷阱高约 20 厘米

南方狸藻

Utricularia australis

遍布全球，陷阱直径 3 毫米

南方狸藻通常生长在死水池塘边上，这种食肉植物会在水里布下许多米粒大小的水下陷阱，把接触到陷阱的小型水生生物吸入并抓住。在水面之上，狸藻会开出黄色的小花来吸引授粉昆虫帮忙授粉，但这些昆虫不必害怕，因为这种植物只有水下的部分才会对它们产生威胁。

共同成长

在植物和动物共存的数百万年里，它们发展出了各种复杂的关系。食草动物虽然以植物为食，但是植物也必须依靠动物来为自己传播花粉，而且动物可以把植物的种子带向远方，让植物有机会在新的地方发展。植物和动物的进化是同步进行的：从一开始，动物和植物之间就存在着帮助、欺骗和争斗。

这只昆虫头顶上黄色小包是一个装满了花粉的小口袋，很有可能是这株植物给它贴上的。

眉兰和蜜蜂

这些美丽的眉兰无论是从外形、味道还是触感上，都在试图模仿蜜蜂和熊蜂的雌性。雄性的蜜蜂受到眉兰的诱惑后会试图与它交尾，浑身上下都会粘上花粉。这些昆虫离开后会帮忙把花粉传播到其他的眉兰上。

西番莲和蝴蝶

西番莲（*Passiflora*）是一种生长在南美洲的攀缘植物，每年都会开出艳丽的花朵，但是它的叶子是袖蝶属蝴蝶的幼虫喜爱的食物。为了避免被毛虫蚕食殆尽，西番莲策划出了一个绝妙的骗局：在它的叶子上长出一些形似虫卵的黄色斑点。当蝴蝶寻找地方产卵的时候，会误以为树叶上已经有虫卵了，然后为了避免幼虫之间争抢食物，就会另寻其他植物来产卵了：这也是动植物共同进化的例子之一。

沙漠里的生命

如果不考虑南北两极和世界上海拔最高的几座山脉，陆地上就没有比非洲、美洲和亚洲中心的大沙漠更严峻和艰难的生存环境了。但是在北美洲的索诺兰沙漠中，有许多种多肉植物可以在任何严峻的环境中生存下来，并且在雨天晴后绽放出绚丽的花朵，将光秃秃的沙漠变成美丽的花园。

这些植物上的凹陷处起到了“散热片”的作用。这些垂直表面产生的光影差会在植物的表面产生微弱的气流，降低植物表面的温度。

姬鸮
Micrathene whitneyi

姬鸮是世界上体形最小的猛禽，它在啄木鸟在大型仙人掌上挖出来的空洞里筑巢。

亚利桑那沙漠金蝎
Hadrurus arizonensis

它只有在傍晚的时候才会从自己的藏身之处里出来觅食。

金赤龙仙人掌
Ferocactus wislizeni

金赤龙的刺又宽又结实，使它成为世界防御力最强的仙人掌之一。

一副荆刺做的铠甲

美洲特有的仙人掌为了在沙漠中生存，将自己进化到了极致。它们不长叶子，取而代之的是用来抵御食草动物的针刺、荆棘和刚毛。这种特殊的“叶子”还能减少水汽的蒸发。仙人掌的花朵个头很大，里面充满了花蜜，借助蝙蝠和昆虫的帮助来授粉。

寄生的植物和孢子

植物、真菌和动物在进化的过程中一直相互影响。为了能够在残酷的自然界里生存下去，有些生物进化出了一些可怕的手段：利用其他的生物，延续自己的生命。

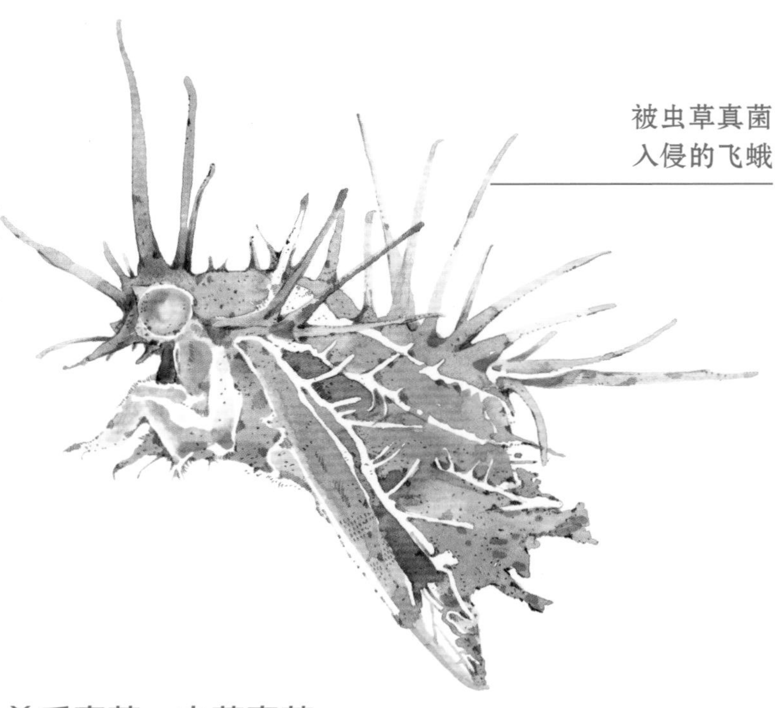

被虫草真菌入侵的飞蛾

两只被真菌入侵的蚂蚁。每种不同的虫草真菌都有自己偏好的寄生对象。

杀手真菌：虫草真菌

在南美洲的热带森林里，连真菌都学会了如何“捕食”活着的昆虫。虫草真菌的孢子一旦附身在昆虫身上，就会将菌丝（真菌的“根部”）蔓延到它的神经系统内部，影响它的行为举动，操纵它往高处攀爬，比如爬到树木的树枝或树叶上。然后，就像是在演科幻恐怖片一样，杀手会给它的受害者致命一击，让真菌的子囊从昆虫的身体中破壳而出。通过这种方式，真菌可以保证孢子会从较高的位置被释放出来，这样就可以散播到更远的地方，找到新的宿主，重新开始这个循环。

绞杀者榕树（榕属，有不同物种）

在最初，这棵小小的植物看起完全无害，只是出于巧合才在一颗热带大树的树枝间落下了根。但是在几个月的迅速成长后，年轻的绞杀者榕树开始把自己的根伸向地面，寻找更多的营养。随着时间一年一年地过去，榕树的根像巨大的触手一般渐渐地包围在宿主的周围，同时不断向上生长，与宿主争夺每一缕阳光。大约 20 年过后，榕树终于成长到可以自力更生的程度，然后就对维持自己生长的宿主发出最后一击，断绝它最后的一点营养。在热带雨林炎热潮湿的气候下，死掉的宿主很快就会被分解成灰。

榕树的根下覆盖着的就是现已死亡，但是曾经维持榕树成长的宿主树。

大王花

来自印度尼西亚群岛的大王花因为是世界上花朵最大的植物而出名，但是在它光鲜亮丽的外表下，隐藏着一个不为人知的黑暗面：它其实是一种不长叶子的寄生草本植物。大王花寄生在崖爬藤属（*Tetrastigma*）植物上，通过隐藏的根部窃取其营养。大王花开花后会发出腐肉般的臭味，吸引苍蝇前来为其授粉。

一朵盛开的大王花的直径可达 1 米，重量可达 10 千克。

四处旅游的种子

植物扩张自己的领地主要凭借种子的传播，而种子的传播方式有多种多样。只要能把种子尽量带到远方，那就是一种有效的撒种方式。

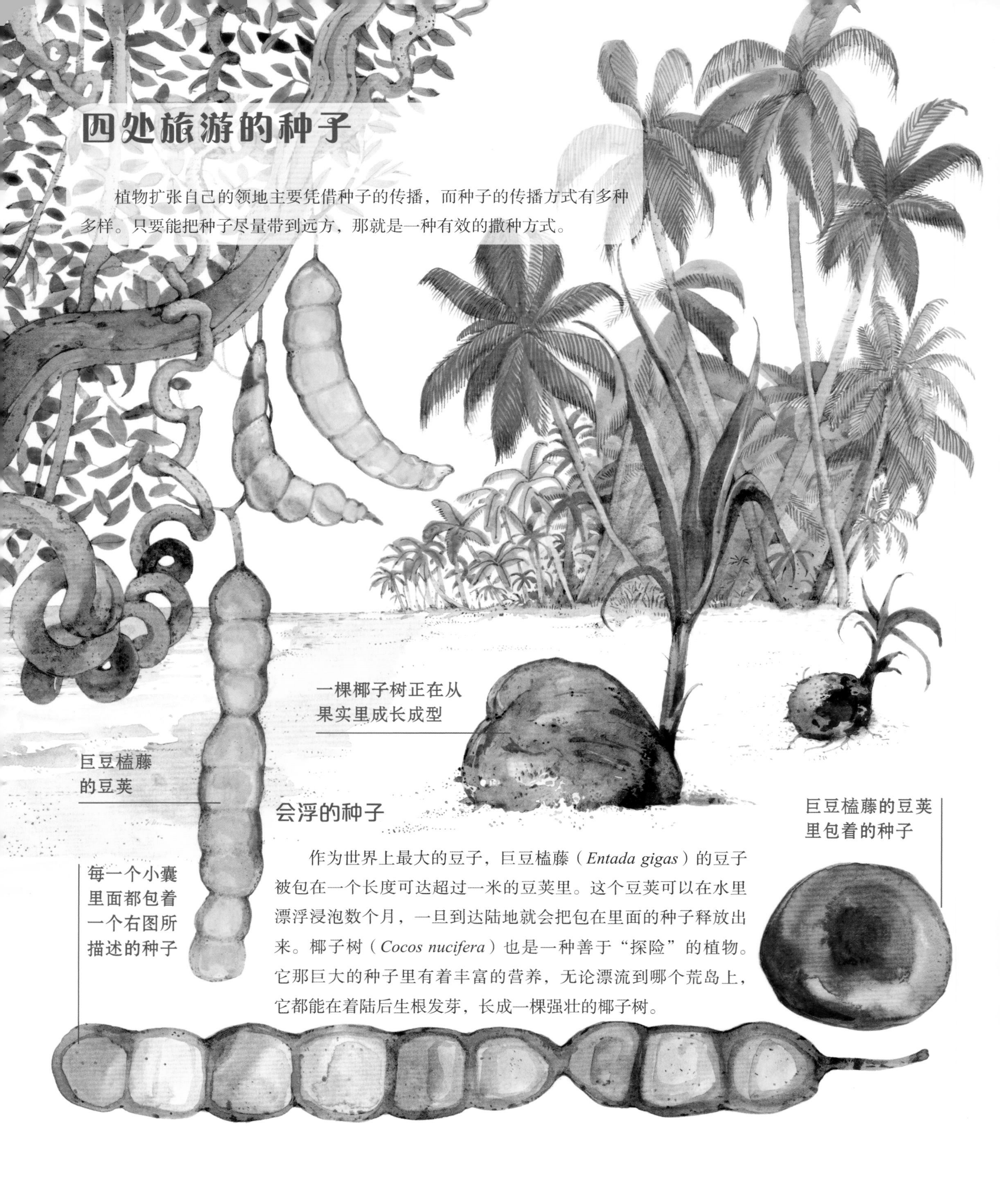

会浮的种子

作为世界上最大的豆子，巨豆榼藤（*Entada gigas*）的豆子被包在一个长度可达超过一米的豆荚里。这个豆荚可以在水里漂浮浸泡数个月，一旦到达陆地就会把包在里面的种子释放出来。椰子树（*Cocos nucifera*）也是一种善于“探险”的植物。它那巨大的种子里有着丰富的营养，无论漂流到哪个荒岛上，它都能在着陆后生根发芽，长成一棵强壮的椰子树。

会飞的种子

亚洲热带森林的龙脑香科植物的种子长着一对可旋转的“翅膀”，和直升机的螺旋桨很像。这对翅膀可以减缓种子的下落速度，并在有风的情况下帮助种子飞到更远的地方。枫树也采用相同的方案来把自己的种子播向远方。蒲公英（*Taraxacum officinale*），也就是在春天时开得漫山遍野的黄色小花，给自己的种子配上了一个小小的“降落伞”。最复杂的种子“设计”非翅葫芦（*Alsomitra macrocarpa*）莫属了，这种来自东南亚的藤本植物，种子上长着一张长约 15 厘米的薄膜，把种子变成了一个小小的滑翔机，让种子可以飞到更远的地方发芽成长。

会搭顺风车的种子

美洲的单角胡麻属（*Ibicella*）和长角胡麻属（*Proboscidea*）的植物被人称为“恶魔之爪”。它们的种子会像爪子一样利用勾爪牢牢地缠在大型哺乳动物的皮毛和脚爪上同行数千米后才掉落下来。

地球在变

人类对地球造成了很大的影响，很多动物的栖息地受到了人类的破坏，很多动物因为我们而灭绝。我们还来得及补救我们的错误吗？

一只海龟咬向一只塑料袋，误以为它是一只水母。如果不小心把塑料袋吞进肚子里，这只海龟就面临着生命危险。

受威胁的大自然

进化无时无刻不在发生着，哪怕是在今天，即使人类给地球的环境带来了翻天覆地的变化，进化的速度也是只增不减。过去几年中，我们砍伐了地球上约一半的森林，让许多动物濒临灭绝（比如老虎和黑犀牛剩余的数量是20世纪的十分之一不到），过度捕捞了海洋资源，并且加剧了全球气候的变化。有些生命周期短的物种可以快速适应环境的变化，甚至因为人类的出现过得越来越好；但是人类给环境带来的变化对于大型动物来说实在是太快太大了，它们完全无法适应。

斑鬣狗
Crocuta crocuta

虽然它们是杰出的猎手，但是鬣狗也能适应吃垃圾的生活。这也是为什么它们总是会接近非洲的城区寻找食物。

黑鸢

Milvus migrans

黑鸢分叉的尾巴让人很容易就能辨识。它们经常出现在非洲和亚洲的大都市里，四处寻找垃圾果腹。

非洲白颈鸦

Corvus albus

作为最聪明以及适应性最强的鸟类之一，乌鸦几乎遍布全世界的大小城市。这种黑白相间的品种主要栖息在非洲的南部和西部地区。

垃圾堆中的积水给蚊子提供了理想生长环境，导致蚊虫的数量增加和疟疾等疾病的扩散。在这种环境中，蚊子的天敌很少，无法把它们数量控制下来。

在一个拥有数百万居民的非洲大都市的郊区，一堆堆的垃圾被随意弃置在这里。有些食肉动物像斑点鬣狗会在黄昏时接近垃圾堆来寻找食物，还有一些机会主义者（例如乌鸦）也会加入翻垃圾的行列中。但对于我们熟悉的许多非洲动物，如大象、狮子、羚羊等，它们在这样的环境中没有任何生存的空间：只要是人类大量聚集的地方，其他生命形式就会渐渐消失。

第六次大灭绝

物种灭绝并不是什么罕见的事情：植物和动物的种类总是在不断地增加和减少。在生物的历史中，地球上至少发生过 5 次大灭绝，其中最著名的一次便是在 6500 万年前导致恐龙完全消失的一次大灭绝。在过去的 150 年里，尤其是在现在，人类在地球上留下的足迹已经导致各种生态环境里的许多动植物永远地在地球上消失了。在这两页里，我们将介绍过去几个世纪中一些因为人类而灭绝的鲜为人知的物种。

恐鸟
Dinornis novaezealandiae
新西兰，高约 3.5 米

在第一批人类——古老的毛利人——入驻新西兰之前，这种没有飞行能力的巨大鸟类，以及一些相关的物种，曾是这座岛上体形最大的动物。可惜的是，哪怕是对手里只拿着长矛的人类来说，恐鸟都太容易狩猎了。人类对恐鸟的肉、蛋和羽毛的需求源源不断，最终过度的狩猎导致在 16 世纪左右它们就完全消失了。

大海雀
Pinguinus impennis
北极，长约 80 厘米

在欧洲和北极之间的北海是没有企鹅的，但是这种海鸟曾扮演着相似的角色。由于没有飞行能力，它们主要靠潜水狩猎，以小型鱼类和软体动物为食。由于人类为了获得它们的肉和羽毛不断地猎杀它们，大海雀在 19 世纪中期就被宣布灭绝。

大海牛

Hydrodamalis gigas

北极，7 米

大海牛是一种适应北极寒冷的气候的巨型海牛，是在热带海洋生活的海牛的近亲，围绕着北美和亚洲之间的寒带小岛生活。大海牛的数目本来就十份稀少，在 1754 年就因为毛皮猎手的捕猎而灭绝。

“考虑到近几个世纪以来人类活动让动植物从地球上消失越来越快，我们可以说我们很快就要面对地球上的第六次大规模灭绝事件了。”

爱德华·威尔逊（Edward Wilson），美国生物学家和社会学家，他在 20 多年前就提到过“生物多样性”和“第六次灭绝”的问题。他目前仍然健在。

袋狼

Thylacinus cynocephalus

大洋洲，包括尾巴 180 厘米

袋狼也被称为塔斯马尼亚虎，是大洋洲最奇特的哺乳动物之一：虽然它是一种体形与狼相近的大型肉食动物，但是它和袋鼠一样拥有用来养育后代的育儿袋。它生活在位于澳大利亚东南侧的塔斯马尼亚岛上，它的存在让养殖家畜变得非常困难。它因此被毫无节制地大量捕杀，在 1936 年之后就彻底地销声匿迹了，但是它的骨架还是被保存在世界各地的博物馆中。

城市中的生物多样性

在今天，全世界一半以上的人口居住在中大规模的城市里，但是在建设市区的同时人类也对周围的森林、草原、河流和海岸等栖息地的生态造成了破坏。大部分生活在这些栖息地里的动物最后都消失了，但在某些情况下它们适应了城市环境下的生活。因此除了老鼠和鸽子以外，还有一些动物也把市区变成了自己的主要栖息地。

以速度而闻名的游隼（*Falco peregrinus*）平时喜欢居住在几十米高的石壁上，所以在高楼林立的市区里，游隼可以继续在高处安全的地方建立自己的巢穴。游隼在城市里也不会缺乏食物来源，因为在城市的公园和建筑之间生活着许多鸽子和椋鸟。

在英国，许多的城市里都有狐狸（*Vulpes vulpes*），它们学会了如何在房屋之间的空地和花园里独立生存。它们在晚上出来寻找食物，在垃圾桶附近翻找剩菜剩饭。有一些郊区里的狐狸数量远比在森林里看到的要多。

为人类服务

大约一万年前，人类在开始耕地的同时也开始对饲养动物产生兴趣。如今我们认识的牛、羊、鸡、猪，还有像大米和玉米等栽培植物，都是人类驯化野生物种的产物。简而言之，我们模仿进化的过程“生产”出了对人类更有利的物种：我们只让拥有对人类有益的特征的动物繁衍后代，而那些没有的则会被我们淘汰；在数千年的筛选性繁殖之后，剩下的动物都是对人类有益的了。

德米特里·别利亚耶夫（Dmitry Belyaev）的狐狸，一项持续了一辈子的实验

这位俄罗斯科学家和他的团队在 1959 年至 1999 年间进行了一项非常重要的驯化实验。研究对象是赤狐（*Vulpes vulpes*），是欧洲北部赤狐的一种变种。在捕捉到一些野生的狐狸之后，他将那些性格最温顺的挑选出来，并且让它们繁衍后代。在过了 40 年后，狐狸已经繁衍到第 30 代了，而现在的这些狐狸完全不惧怕和人共处，还会摇着尾巴四处跟随自己的主人。人类驯化狼的过程一定也很相似，尽管花费的时间要更长，过程也没有那么严谨。

科学家别利亚耶夫和他驯服的狐狸。在别利亚耶夫于 1985 年去世之后，他的助手将这个实验继续进行到了 1999 年。狐狸在仅仅繁殖了 4 代后就变得更加温顺了。

从狼到狗

狼是人类最早驯服野生动物的例子。狼的驯化过程可能在三万年前就开始了。在一开始，年轻的小狼为了获得食物和保护，愿意加入游牧民族的社会里，负责为人类看门以及帮忙狩猎。在过去的几千年里，我们开始按照需求筛选繁殖狼类，创造出了有着不同功能的新品种。如今所有的犬类，从腊肠犬到大丹犬，都有着一个共同的祖先：狼。事实上，当野狗回归自然时，会恢复那些与狼相似的特征，甚至可以与狼交配，生出有繁殖能力的杂交物种。

马士提夫犬

马士提夫犬是有名的看门犬，是獒犬的典型代表。有着健壮的体格和强大的咬合力。

狼

Canis lupus

所有犬类的祖先。

腊肠犬

曾经用来狩猎獾、兔子和狐狸等小动物的古老德国品种。如今天它更多是一种伴侣犬。

大丹犬

世界上体形最大的犬种之一，体重可达 90 千克，起初作为看门犬诞生，在中世纪时成了欧洲贵族的象征。

气候变化的影响

人类使用化石燃料（石油、天然气和煤炭）时，会向大气中释放一种名为二氧化碳的气体，导致地球的温度慢慢增加。我们在今天知道，在过去的 100 年里，全球的平均气温上升了大约 1℃。乍一看这个变化很小，但它带来的改变却非常明显。天气变得变幻莫测，干旱、洪涝、飓风等自然灾害越来越频繁。气候的变化和自然生态的破坏对人类和其他的生命来说是当今最大的威胁。

珊瑚礁的苦难

珊瑚与它内部的虫黄藻共生（见 120–121 页），这一份共生关系是它赖以生存的条件，并且是地球上最重要的共生关系之一，因为它是热带珊瑚礁如此生机盎然的原因。但是当水温因为气候变化而迅速上升时，水里的菌群的繁殖速度会失去控制，导致珊瑚里的虫黄藻会被细菌攻击。失去了虫黄藻所提供的营养，珊瑚很快就会一同死去，让一个原本五颜六色、生机勃勃的生态系统只留下一个毫无生命的苍白骨架。

可以在死去的珊瑚礁里生存的鱼类并不多

在灭绝的边缘徘徊

北极熊（*Ursus maritimus*）生活在北冰洋里的浮冰上，主要以海豹为食。如今，两极地区原本短暂的夏季被逐渐延长，导致秋冬季节浮冰产生的时机越来越晚，而北极熊的活动也受到了很大的影响，为了捕捉到足够的食物不得不扩大自己的活动范围。不幸的是，北极熊不能等待太久，因为它们必须在冬天到来之前尽可能地捕捉到更多海豹，只有这样它们才能储备足够的脂肪来挺过寒冷的冬天以及让怀孕的雌性顺利生产。如果没有足够的食物，北极熊将无法在严峻的环境中继续生存下去。

扭转趋势

亡羊补牢，为时未晚。如果想要改变目前生态受损的状况，我们现在还来得及。这个选择不但对植物和动物的生存来说很重要，它同时也能为几十亿人的生活条件带来积极的改变。今天我们有开始扭转这个趋势的意识和技术，但是我们需要共同努力才能达到目标：我们得自我反省，为了减少人类对地球环境的影响首先就得改变自己的生活方式。

农业生产必须更加环保，减少杀虫剂的滥用和对自然生态的破坏。少吃肉和鱼也对环境有所帮助，因为大量畜牧和打捞对环境造成的影响很大。

“过去 50 年里，我一直在通过纪录片里向全世界的观众介绍大自然。我认为，比起我刚开始做这份工作的时候，人类对世界正在面临的问题了解得更加清楚了。可悲的是，我们的星球，也是我们的家园，却比以往任何时候都更加危险。我们没有多少时间来采取行动了。”

——大卫 · 爱登堡（David Attenborough），一位仍然在世的生物学家和主持人，参与制作了许多世界上最壮观的纪录片。

减少生产塑料等污染性材料，回收利用我们所产生的废品，对保持生态系统的健康来说至关重要。

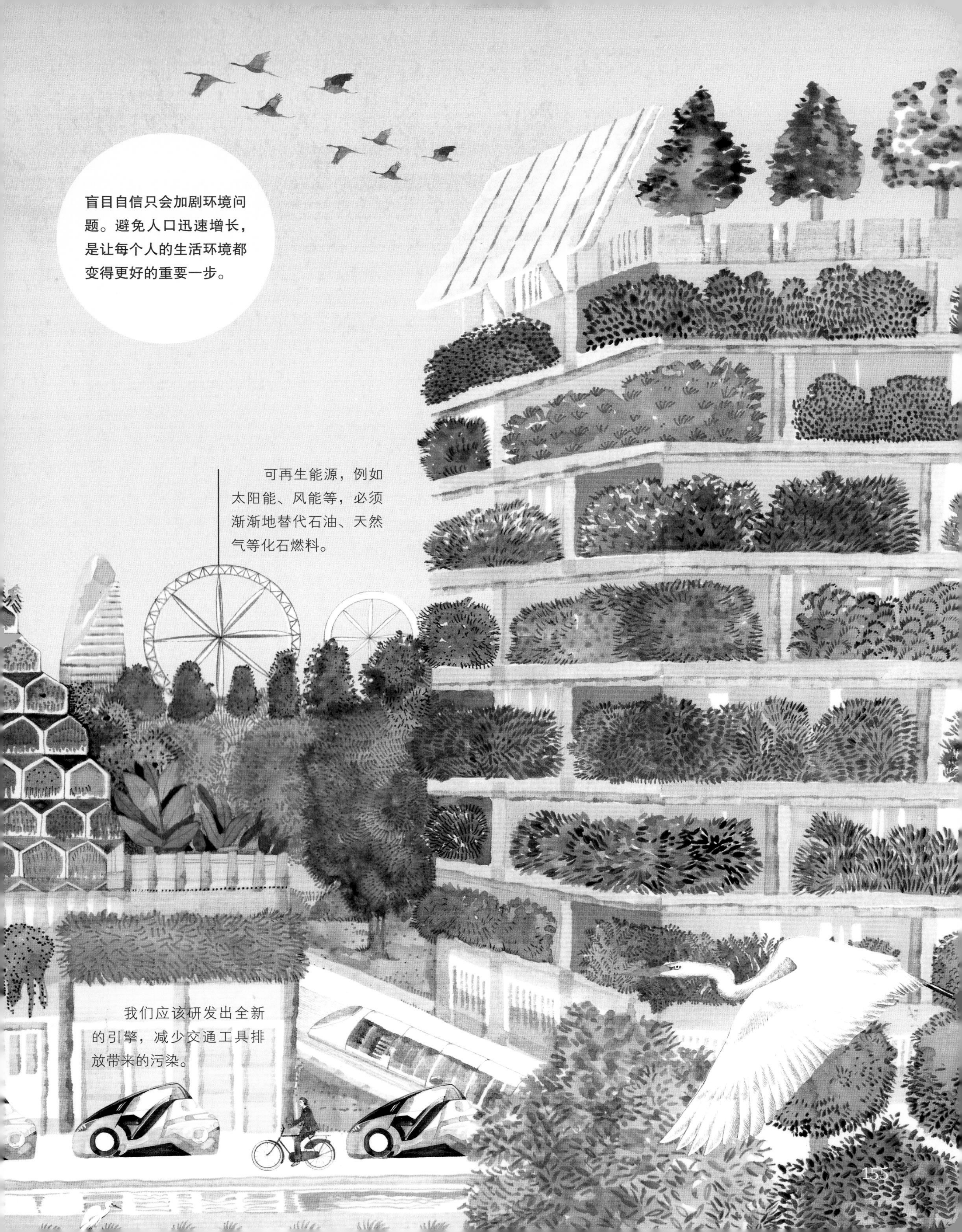

盲目自信只会加剧环境问题。避免人口迅速增长，是让每个人的生活环境都变得更好的重要一步。

可再生能源，例如太阳能、风能等，必须渐渐地替代石油、天然气等化石燃料。

我们应该研发出全新的引擎，减少交通工具排放带来的污染。

索　引

G

H

J

K

L

M

N

P

Q

R

S

T

W

X

Y

Z

弗朗西斯科·托马西内利（出生于1971年，热那亚）

弗朗切斯科从小就对动物世界里各种不寻常的物种有着难以磨灭的兴趣：他从3岁开始认识恐龙后就一直没有停止探索过。他毕业于海洋环境科学专业，曾在意大利和美国的大型水族馆工作，之后致力出版工作、科普教育和生态咨询服务。作为一名摄影记者，他与意大利和美国的科学领域及旅游业的许多出版社开展合作。他出版的插图书籍《我要去城市生活》里介绍了生活在城市和郊区的各种野生动物；他还出版了《绿色黄金》和《微观世界的掠食者》两书，讲述了爬行动物、两栖动物、昆虫和蜘蛛的生存策略；此外，他还参与过许多其他书籍的图文合作。他是意大利国家电视台Rai3频道的自然节目Geo的常客，并在意大利各地的博物馆策划各种科学展览，其中包括《微观世界的掠食者》《好战的植物》《外来者》和《藏匿者：自然界的模仿和欺骗》。在与NuiNui出版社的合作中，他负责来自全球的奇特昆虫和无脊椎动物的插画和资料。

玛格丽塔·博因

玛格丽塔的艺术热情始于她的姐姐爱丽丝。凭借这份对艺术的热爱，她进入了艺术高中并考上了威尼斯美术学院，并于2012年获得绘画专业的学位。在她的艺术生涯中，她将各种绘画技巧融合在一起，例如把粉彩和水彩与蜡笔、石墨和油性笔结合起来进行创作。2013年，由于对插画的兴趣日益浓厚，她在米兰参加了Miguel Tanco插画课程。她曾为意大利、美国、澳大利亚和英国出版商绘制多本动物和大自然主题的儿童读物。在与NuiNui出版社的合作中，她负责为《3D创作吧！》系列丛书绘制插画。现今住在意大利西西里岛的潘泰莱里亚岛上。

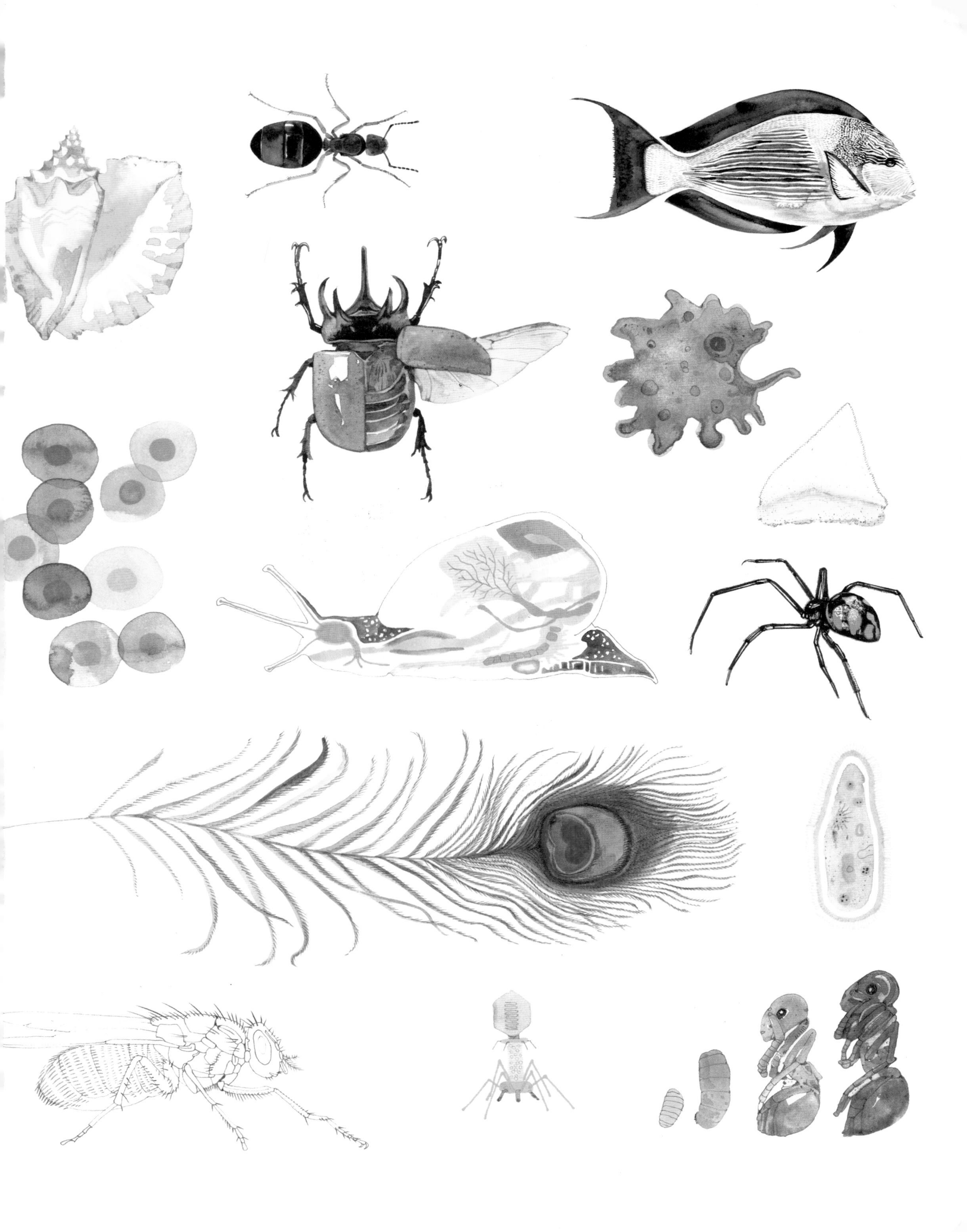

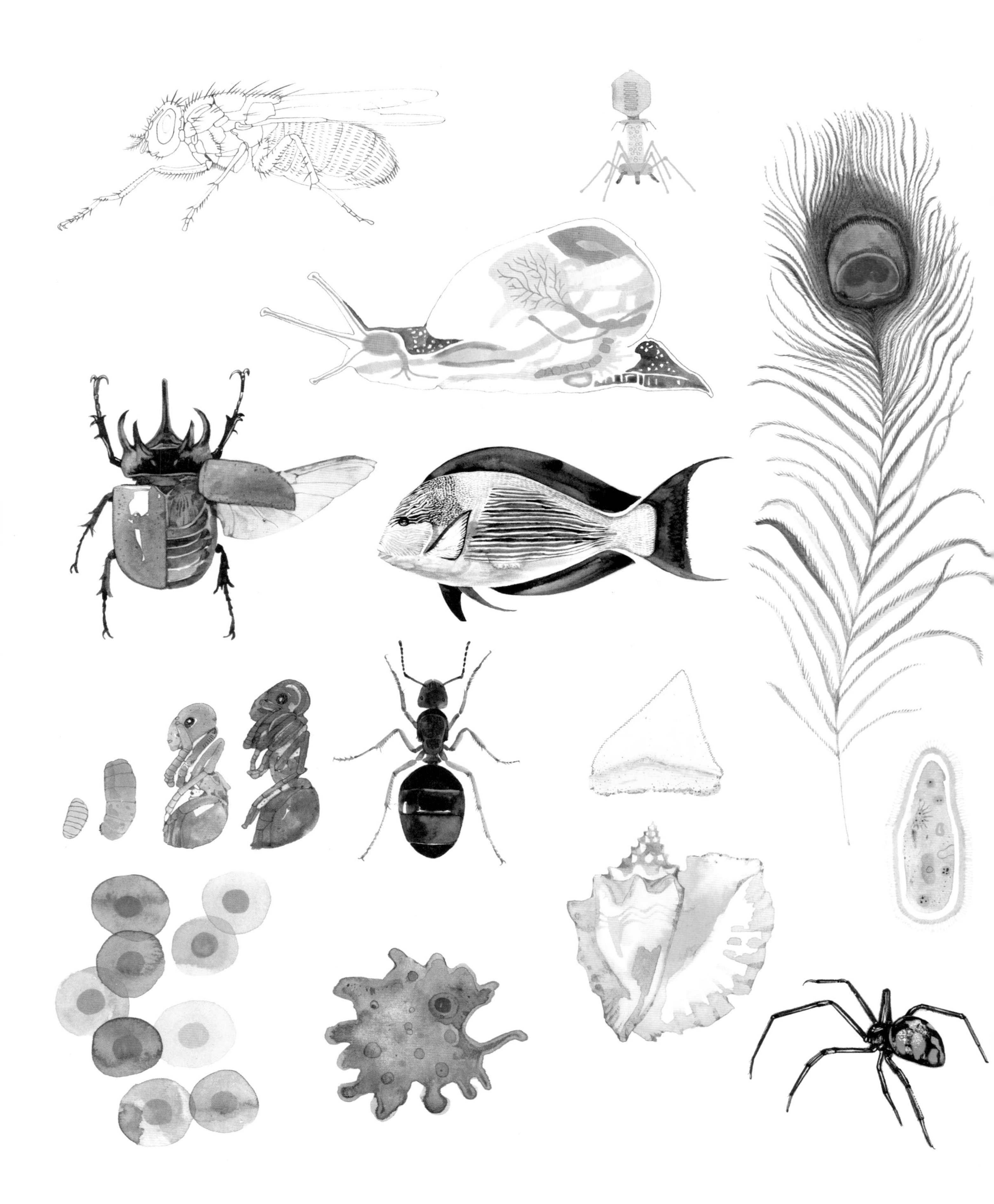